U0257946

广西社会科学院出版基金资助出版

黄小青 著

城市规模预测方法与应用

以广西北部湾经济区城市群为例

PREDICTIVE METHODS
AND APPLICATIONS
OF CITY GROWTH

A Case Study
of the Metroplexes
in Guangxi Beibu Gulf Economic Zone

社会科学文献出版社
SOCIAL SCIENCES ACADEMIC PRESS (CHINA)

摘　要

本书以生态文明为视野，以可持续发展为观照，创新了城市规模的预测理论和方法。一是把城市规模的概念拓展为经济规模、人口规模、能源消耗规模、用地规模。二是建立城市适度规模的分析框架——区域效益、经济效益、社会效益和生态环境效益如何协调和统一。三是利用 MATLAB/SIMULINK 软件建立城市规模动力系统模型并进行政策仿真实验。在应用方面，以广西北部湾经济区城市群（南宁、北海、钦州、防城港四个城市）为例，在全面搜集广西北部湾经济区及其城市群 1994～2010 年城市发展相关数据的基础上，利用 Logistic 模型、线性回归、灰色关联度等方法分析和预测广西北部湾经济区的城市化进程；利用分阶段增长率法、趋势线预测法、动力系统模型法三种方法分别预测广西北部湾经济区城市群以及南宁、北海、钦州、防城港四个城市未来 10～40 年城市规模发展趋势并进行比较分析；利用动力系统模型对经济、能源、土地、人口等相关政策进行仿真实验，剖析问题，提出应对策略。最后，简要概述城市规模优化发展的最新理论和实践，提出未来广西北部湾经济区城市规模优化的发展方略：一体化、绿色化和人文化。

Abstract

This text is based on elements of ecological civilization, sustainable development, city-size prediction theory and innovative methodology. First, the concept of city-size is extended through four dimensions: city economy, city population, city energy consumption and city built-up area. Second, the city-size analytical framework is established by coordinating and unifying regional benefits, economic benefits, social benefits and ecological benefits. Third, the city-size is represented with a dynamic system predictive model and policy simulating model, using the MATLAB/SIMULINK software.

The applied case is a metropolitan group in the Guangxi Beibu Gulf economic zone which includes four cities of Nanning, Beihai, Qinzhou, and Fangchenggang. Relevant data collection covers the time period from 1994 to 2010. Urbanization in the Guangxi Beibu Gulf economic zone is forecasted with the Logistic Model, linear regression and Grey Correlation Analysis. Prediction and comparison are presented for metropolitan city-size growth in the Guangxi Beibu Gulf economic zone over the next 10 to 40 years. This is accomplished using a staged growth rate technique, trend line prediction and the dynamic system model. Policy change experiments are performed for economy, energy, land, and population relevant policies. These experiments are conducted with dynamic system simulation.

From the analysis of predictive projections and simulated outcomes, the problems and recommended countermeasures are concluded. An overview of recent city-size optimal development theory and practice is then given, along with a proposal of strategy for city growth in the Guangxi Beibu Gulf economic zone to optimize integration, greening and humanization.

目　录

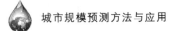

Contents

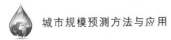

导　语

　　《城市规模预测方法与应用：以广西北部湾经济区城市群为例》是一个具有重要意义和挑战性的研究项目，经过3年的艰苦努力，终于完成。本书是在广西哲学社会科学"十一五"规划课题"南北钦防城市规模数量分析与预测研究"（项目批准号：08BJY033）的基础上，经过进一步的修改、增删、梳理和提炼而形成的，其中的主要成果概括如下。

一　理论创新

（一）生态文明视野下城市规模的概念拓展

　　城市已经对人类产生了根本性的影响，未来对人类发展进程的影响将更加巨大。根据联合国2009年的预测，未来40年，全球人口将增加约30亿，同时，将有30亿人口移居城市。值得关注的是，未来新增的30亿城市人口，仅有0.45亿分布在人口超过500万的大城市，另外29.55亿分布在人口小于500万的较大城市、中等城市和小城市里，其中的15亿将就近移居到本地人口小于100万的中小城市中。这表明，目前人口小于500万的城市是全球人口城市化的主要载体，而且今后20年工业化大部分将发生在这些城市中。在全球气候变暖的背景下，这些城市在经济、社会和环境等方面的可持续发展对世界的未来至关重要。可以说，城市发展正在决定着整个地球生物圈的生存质量。城市的未来发展，既要与城市及周边地区的经济机会、社会公平紧密联系，同时也应该担负起面向整个人类的环境责任。为此，本书以生态文明为视野，以可持续发展为观照，考虑到城市发展与资源能源消耗的紧密联系以及政府、民众的关注点，把城市规模的概念拓展为经济规模、人口规模、能源消耗规模、用地规模。具体的衡量指标有：地区生产总值（GDP）、年末常住人口、能源消耗量、建成区面积（见表1）。这四个指标是相互影响、相互制约的，其与城市的规模相辅相成、密不可分。

表1　衡量城市规模的四个维度和指标

维度	指标	单位
经　济	地区生产总值	亿元
人　口	年末常住人口	万人
能　源	能源消耗量	万吨标准煤
用　地	建成区面积	平方公里

注：四个指标的统计数据均仅指市区，不包括辖县的市行政区。

（二）四维度视角下城市适度规模的分析框架

本书认为，城市的适度规模，应该是区域效益、经济效益、社会效益和生态环境效益相协调和统一，因此，必须立足于这四个维度，在国家计划、地理位置、自然资源、建设条件、现有基础、未来预测等多重框架下，多层次地分析经济规模、人口规模、能源消耗规模、用地规模之间的互动关系，寻求城市可持续发展的"均衡点"，确定城市的适度规模。

（三）动态系统理论观照下城市规模预测模型的构建

城市规模动力系统是一个多变量且非线性变化的复杂系统，本书遵从由简入繁的思路，经过多次运行试验和调整，分别建立了三个城市规模动力系统模型：系统模型Ⅰ（4个状态变量）、系统模型Ⅱ（4个状态变量，8个控制变量）、系统模型Ⅲ（12个状态变量）。把地区生产总值、年末常住人口、能源消耗量、建成区面积、固定资产投资占地区生产总值比重、社会消费品零售总额占地区生产总值比重、城镇从业人员占常住人口比重、工业用地占建成区面积比重、居住用地占建成区面积比重、工业用电占能源消耗量的比重、生活用电占能源消耗量的比重、居民人均收入占人均GDP比重等指标依次纳入三个系统模型中，分别进行模拟及预测。三个系统模型整体分析框架如图1所示。

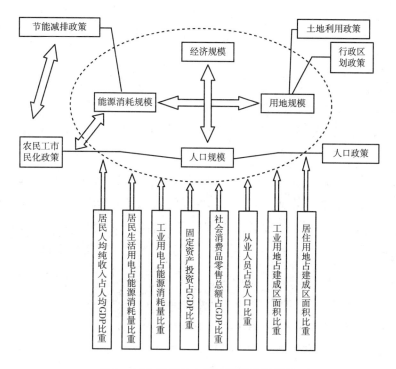

图 1　城市规模动力系统模型分析框架

二　定性分析和前瞻性判断

（一）广西北部湾经济区城市群未来有希望发展成为具有国际区域影响力的城市群

全球经济增长中心正不可避免地从西方转移到东方，特别是转移到亚洲新兴经济体之中。广西北部湾经济区城市群地处西太平洋地带的中段，在国家经济发展战略中占有重要的地位。近二十年来，从东亚到东南亚的"西太平洋经济带"经济增长突出，其中中国的经济奇迹为世人所瞩目。越南也是全球经济增长较快的国家之一，近几年，它跃升为亚洲经济增长第二快的国家。广西北部湾经济区城市群正处于东亚与东南亚两个经济板块之间以及中国泛珠三角经济圈、西南经济圈的对接地带，自身的自然资源和人力资源丰富且基础设施正在得到迅速更新和完善。随着区域经济合作进程的加快，国家之间、各地区之间及城市之间的合作与协调机制一步步走向完善，广西北部湾经济区城市群的发展潜力将会在各种叠加的机遇中释放，城市群的发展前景广阔，未来有希望发展成为具有国际区域影响力的城市群。

（二）广西北部湾经济区城市群的规模扩张既是广西北部湾经济区发展的决定性力量，同时也将对整个广西的发展产生重大影响

2011 年，全国城市化率突破 50%，这是中国发展进程中一个重大的指标性信号。广西北部湾经济区 2011 年城市化率为 48.13%，2013 年将突破 50%，伴随着加速上升时期的城市化进程，深刻的社会变革正在开始。作为广西改革开放的前沿阵地，广西北部湾经济区城市规模优化发展涉及改革的诸多层面。2011 年南宁、北海、钦州、防城港四市的城市（市辖区）户籍人口分别为 273 万人、63 万人、142 万人、54 万人，每个城市再加上 8 万～30 万的流动人口，均属于人口小于 500 万的城市。广西北部湾经济区城市群所在的广西北部湾经济区，是广西正在全力打造的发展龙头，也是广西发展的最大希望，将引领广西未来的发展方向。南宁、北海、钦州、防城港四个城市的规模扩张和发展方式，将决定广西北部湾经济区的发展格局，同时将对整个广西的发展产生重大影响。

三 技术创新和科学预测

本书利用 Logistic 模型、线性回归、灰色关联度等方法分析和预测广西北部湾经济区的城市化进程；利用分阶段增长率法、趋势线预测法、动力系统模型法分别预测广西北部湾经济区城市群以及南宁、北海、钦州、防城港未来 10 年乃至 40 年城市规模发展趋势，利用代表当今国际科学计算最高水平的软件——MATLAB/SIMULINK 进行政策仿真实验。根据预测结果和政策仿真实验结果，归纳总结出综合预测结果。

（一）广西北部湾经济区城市群城市化进程

1. 人口城市化

（1）最快增长期。2010～2015 年为最快增长期，年增加量大于 1 个百分点。其中，2012～2013 年达到最快，年增加量为 1.26 个百分点。2015 年人口城市化率达到 53%，2020 年达到 59%。

（2）成熟期。2040 年以后为广西北部湾经济区城市群人口城市化的成熟期，此阶段人口城市化率大于80%，人口城市化率缓慢增加，年增加量小于0.84个百分点。

2. （广义）工业化

（1）1985～1990年为最快增长期，年增加量大于1.5个百分点。其中，1986～1987年达到最快，年增加量为1.72个百分点。2015年非农产业占比达到87%，2020年达到91%。

（2）成熟期。2007年以后为广西北部湾经济区城市群工业化的成熟期，此阶段非农产业占比大于80%，非农产业占比缓慢增加，年增加量小于1.14个百分点。

（二）城市规模预测结果

预测结果分为两部分：一是中短期（2011～2020年）；二是长期（2020～2050年）。中短期预测由于综合考虑了广西北部湾经济区城市群发展的大背景、城市化所处的阶段、几种不同的预测方法（分阶段增长率法、趋势线预测法、系统模型预测法）以及未来10年可能的政策方向仿真，所以具有较强的科学参考价值。由于城市规模的变迁在2020年后将涉及更多的不确定因素，所以长期预测的结果只能作为基本参考。

1. 广西北部湾经济区城市群

如果把广西北部湾经济区城市群（四个城市之和）看成一个整体，其城市规模未来变迁的主要数据如下。

（1）经济规模。2020年，广西北部湾经济区城市群（四个城市之和）的GDP将达到7400亿元左右，约是2011年（实际值为2740亿元）的2.7倍。人均GDP达到80000元左右，约是2011年（实际值为43354元）的1.8倍。"十三五"时期（2016～2020年）经济平均增长11.7%。2050年，GDP将达到50000亿元，约是2011年的18倍。人均GDP达到约300000元，约是2011年的7倍。广西北部湾经济区城市群所在的广西北部湾经济区，2015年非农产业占比将达到87%，2020年将达到91%。

（2）人口规模。2020年，广西北部湾经济区城市群（四个城市之和）的常住人口将达到约920万人，约是2011年（实际值为632万人）的1.5倍，比2011年增加约288万人。2050年常住人口达到1500万人，约是

2011 年的 2.5 倍。未来 40 年广西北部湾经济区城市群的城市常住人口将稳定在 1600 万人左右。其中，1987～2039 年为广西北部湾经济区人口城市化的成长期，此阶段人口城市化率从 22% 增长到 79%，人口城市化率快速增加，2010～2015 年为最快增长期。

（3）能源消耗规模。2020 年，广西北部湾经济区城市群（四个城市之和）的能源消耗将达到 1100 万吨标准煤，约是 2011 年（实际值为 587 万吨标准煤）的 2 倍。万元 GDP 能耗将降到 0.15 吨标准煤左右，比 2011 年（实际值为 0.21 吨标准煤/万元）减少约 0.06 吨标准煤。2050 年，能源消耗将达到 8500 万吨标准煤左右，约是 2011 年的 15 倍。万元 GDP 能耗将达到约 0.17 吨标准煤，比 2011 年减少约 0.04 吨标准煤。

（4）用地规模（建成区面积）。2020 年，广西北部湾经济区城市群（四个城市之和）的建成区面积将达到 648 平方公里，约是 2011 年（实际值为 446 平方公里）的 1.5 倍。人口密度达到 14196 人/平方公里，与 2011 年（实际值为 14179 人/平方公里）基本持平。2050 年，建成区面积将达到 3500 平方公里，约是 2011 年的 8 倍，人口密度为 4448 人/平方公里，仅为 2011 年的 0.3 倍。

2. 南宁市

（1）经济规模。2020 年，南宁市的 GDP 将达到 4300 亿元左右，约是 2011 年（实际值为 1576 亿元）的 2.7 倍。人均 GDP 达到 75000 元左右，约是 2011 年（实际值为 44773 元）的 1.7 倍。"十三五"时期（2016～2020 年）经济平均增长 12%。2050 年，GDP 将达到 31000 亿元，约是 2011 年的 19.8 倍。人均 GDP 达到约 345000 元，约是 2011 年的 7.7 倍。

（2）人口规模。2020 年，南宁市的常住人口将达到约 570 万人，约是 2011 年（实际值为 352 万人）的 1.6 倍，比 2011 年增加约 220 万人。2050 年常住人口达到 900 万人，约是 2011 年的 2.6 倍。

（3）能源消耗规模。2020 年，南宁市的能源消耗将达到 540 万吨标准煤，约是 2011 年（实际值为 170 万吨标准煤）的 3 倍。万元 GDP 能耗将降到 0.13 吨标准煤左右，比 2011 年（实际值为 0.11 吨标准煤/万元）增加约 0.02 吨标准煤。2050 年，能源消耗将达到 2800 万吨标准煤左右，约是 2011 年的 16.3 倍。万元 GDP 能耗将达到 0.09 吨标准煤左右，比 2011 年减少约

0.02 吨标准煤。

（4）用地规模（建成区面积）。2020 年，南宁市的建成区面积将达到 390 平方公里，约是 2011 年（实际值为 293 平方公里）的 1.3 倍。人口密度达到 14718 人/平方公里，约是 2011 年（实际值为 12014 人/平方公里）的 1.2 倍。2050 年，建成区面积达到约 2100 平方公里，约是 2011 年的 7 倍，人口密度为 4371 人/平方公里，仅为 2011 年的 0.4 倍。

3. 北海市

（1）经济规模。2020 年，北海市的 GDP 将达到 1000 亿元左右，约是 2011 年（实际值为 346 亿元）的 2.9 倍。人均 GDP 达到 80000 元左右，约是 2011 年（实际值为 42716 元）的 1.9 倍。"十三五"时期（2016~2020 年）经济平均增长 12%。2050 年，GDP 将达到 7000 亿元，约是 2011 年的 20 倍。人均 GDP 达到约 215000 元，约是 2011 年的 5 倍。

（2）人口规模。2020 年，北海市的常住人口将达到约 120 万人，约是 2011 年（实际值为 81 万人）的 1.5 倍，比 2011 年增加约 39 万人。2050 年常住人口将达到 320 万人，约是 2011 年的 3.9 倍。

（3）能源消耗规模。2020 年，北海市的能源消耗将达到 250 万吨标准煤，约是 2011 年（实际值为 120 万吨标准煤）的 2.1 倍。万元 GDP 能耗将降到 0.25 吨标准煤左右，比 2011 年（实际值为 0.34 吨标准煤/万元）减少约 0.09 吨标准煤。2050 年，能源消耗将达到 1900 万吨标准煤左右，约是 2011 年的 15.6 倍。万元 GDP 能耗将达到约 0.27 吨标准煤，比 2011 年减少约 0.07 吨标准煤。

（4）用地规模（建成区面积）。2020 年，北海市的建成区面积将达到 114 平方公里，约是 2011 年（实际值为 65 平方公里）的 1.8 倍。人口密度达到 10502 人/平方公里，约是 2011 年（实际值为 12462 人/平方公里）的 0.8 倍。2050 年，建成区面积达到约 700 平方公里，约是 2011 年的 11 倍，人口密度为 4447 人/平方公里，仅为 2011 年的 0.4 倍。

4. 钦州市

（1）经济规模。2020 年，钦州市的 GDP 将达到 1200 亿元左右，约是 2011 年（实际值为 505 亿元）的 2.3 倍。人均 GDP 达到 64000 元左右，约是 2011 年（实际值为 35069 元）的 1.8 倍。"十三五"时期（2016~2020

年）经济平均增长 11%。2050 年，GDP 将达到 7000 亿元，约是 2011 年的 13.7 倍。人均 GDP 达到约 257000 元，约是 2011 年的 7.3 倍。

（2）人口规模。2020 年，钦州市的常住人口将达到约 180 万人，约是 2011 年（实际值为 144 万人）的 1.3 倍，比 2011 年增加约 36 万人。2050 年常住人口达到 270 万人，约是 2011 年的 1.9 倍。

（3）能源消耗规模。2020 年，钦州市的能源消耗将达到 400 万吨标准煤，约是 2011 年（实际值为 220 万吨标准煤）的 1.8 倍。万元 GDP 能耗将降到 0.34 吨标准煤左右，比 2011 年（实际值为 0.44 吨标准煤/万元）减少约 0.1 吨标准煤。2050 年，能源消耗将达到 2100 万吨标准煤左右，约是 2011 年的 9.5 倍。万元 GDP 能耗将达到约 0.31 吨标准煤，比 2011 年减少约 0.13 吨标准煤。

（4）用地规模（建成区面积）。2020 年，钦州的建成区面积将达到 100 平方公里，约是 2011 年（实际值为 55 平方公里）的 1.9 倍。人口密度达到 17735 人/平方公里，约是 2011 年（实际值为 26182 人/平方公里）的 0.7 倍。2050 年，建成区面积达到约 534 平方公里，约是 2011 年的 9.7 倍，人口密度为 5040 人/平方公里，仅为 2011 年的 0.2 倍。

5. 防城港市

（1）经济规模。2020 年，防城港市的 GDP 将达到 800 亿元左右，约是 2011 年（实际值为 313 亿元）的 2.7 倍。人均 GDP 将达到 110000 元左右，约是 2011 年（实际值为 56909 元）的 2.0 倍。"十三五"时期（2016～2020 年）经济平均增长 11%。2050 年，GDP 将达到 5000 亿元，约是 2011 年的 15 倍。人均 GDP 达到约 340000 元，约是 2011 年的 6 倍。

（2）人口规模。2020 年，防城港市的常住人口将达到约 80 万人，约是 2011 年（实际值为 55 万人）的 1.4 倍，比 2011 年增加约 25 万人。2050 年常住人口将达到 140 万人，约是 2011 年的 2.6 倍。

（3）能源消耗规模。2020 年，防城港市的能源消耗将达到 180 万吨标准煤，约是 2011 年（实际值为 75 万吨标准煤）的 2.4 倍。万元 GDP 能耗将降到 0.21 吨标准煤左右，比 2011 年（实际值为 0.24 吨标准煤/万元）减少约 0.03 吨标准煤。2050 年，能源消耗将达到 1700 万吨标准煤左右，约是 2011 年的 22.6 倍。万元 GDP 能耗将达到约 0.35 吨标准煤，比 2011 年增加了 0.11 吨标准煤。

（4）用地规模（建成区面积）。2020 年，防城港市的建成区面积将达到 65 平方公里，约是 2011 年（实际值为 33 平方公里）的 2 倍。人口密度达到 11649 人/平方公里，约是 2011 年（实际值为 16667 人/平方公里）的 0.7 倍。2050 年，建成区面积达到约 285 平方公里，约是 2011 年的 8.6 倍，人口密度为 5003 人/平方公里，仅为 2011 年的 0.3 倍。

四 问题剖析和应对策略

（一）四市人口都将"超标"：建议对相关规划进行修订，统计部门增强对城市常住人口的科学统计

无论是按户籍人口统计口径还是常住人口统计口径，南宁、北海、钦州、防城港的建成区人口都将"严重超标"。《广西壮族自治区土地利用总体规划（2006～2020 年）》中，南宁、北海、钦州、防城港四市的中心城区人口上限分别为 300 万人、88 万人、110 万人、50 万人；《广西北部湾经济区城市群发展规划（2006～2020 年）》中，南宁、北海、钦州、防城港四市的建成区人口上限分别为 300 万人、120 万人、100 万人、60 万人。根据《广西统计年鉴 2012》（城市概况部分）提供的数据，2011 年南宁、北海、钦州、防城港四市的城市（市辖区）户籍人口分别为 273 万人、63 万人、142 万人、54 万人。钦州市 2011 年城市（市辖区）户籍人口已经超过这两个规划的 2020 年城市人口上限。可以预见的是，另外三个城市未来 10 年内的户籍人口也将超过这两个规划的城市人口上限。根据本书的预测，2020 年南宁、北海、钦州、防城港四市的城市（市区）常住人口分别为 574 万人、120 万人、181 万人、76 万人，除了北海市，其他三个城市的人口都将超出规划，尤其是南宁市，预计将超出 200 多万人。

另外，以上两个规划中对南宁、北海、钦州、防城港四个市的中心城区人口（建成区人口）的规划数据不一致，而且用的是户籍人口数据而不是常住人口，这将影响规划的科学性以及对城市未来发展的指导。这两个规划中对城市人口的表述术语不统一，一个称为"中心城市人口"，一个称为"建成区人口"。广西北部湾经济区城市群目前正处于城市化进程快速推进时期，土地供给和城市常住人口数据与城市未来的发展关系重大。建议对以上两个规划中与此相关的部分内容进行修订，同时统计部门应加强对城市常住人口（户籍人口＋暂住一个月以上的人口）的统计工作，以便更好地指导未来广西北部湾经济区城市群的发展。

（二）南宁市的建设用地将"超标"：建议增加南宁市的建设用地指标

《广西壮族自治区土地利用总体规划（2006～2020年）》以及《广西北部湾经济区城市群发展规划（2006～2020年）》中，南宁、北海、钦州、防城港2020年建设用地规模的上限分别为300平方公里、140平方公里、120平方公里、70平方公里，本书对这四个市2020年建成区面积的预测值分别为390平方公里、114平方公里、100平方公里、65平方公里，南宁市2020年建成区面积将超出规划上限90平方公里，其他三个市至2020年的建成区面积在规划上限以内。建议高度重视南宁市建设用地的快速扩张态势，修改相关编制，增加南宁市的建设用地指标。

（三）2015～2020年有可能是城市发展的"矛盾凸显期"：建议促进经济、人口、能源消耗、土地利用的均衡发展

根据系统模型预测，广西北部湾经济区城市群的城市经济、人口、能源消耗、土地利用等因素的不均衡发展将有可能在2015～2020年"矛盾凸显"，必须给予高度关注，未雨绸缪。模型的运行表明，推进广西北部湾经济区城市群一体化发展有助于抵御和抗衡风险，有利于广西北部湾经济区城市群更好地发展。因此，政策调控的重点应放在促进广西北部湾经济区城市群经济、人口、能源消耗、土地利用的均衡发展以及城市群的一体化发展方面。

1. 城市规模优化发展的主要政策方向

经济－人口－能源－土地政策组合，即增强城市经济发展和城市居民需求的互动，减少能源消耗，提高能源利用效率，减少土地利用，提高土地利用效率。必须注意，这几个政策的调整必须是渐进式的，以"微调"的方式进行，模型的仿真实验表明，急功近利式的政策调整将导致系统运行的剧烈波动。

2. 经济发展的重要导向

模型的政策仿真实验表明，减少能源消耗，提高能源利用效率对城市未来发展至关重要。这表明广西北部湾经济区城市群应高度重视"降能耗，增效率"。广西北部湾经济区城市群是能源输入型城市，本地能源类资源产量远远不能满足当地生产和生活的需要，在经济高速发展和城市人口激增的同时，将面临越来越严重的资源和环境压力。因此，经济发展的重要导向应该是，大力发展低能耗的产业，建立循环经济模式。

3．增强经济和人口互动的政策方向

未来5～10年，人口城市化将形成支撑广西北部湾经济区发展转型的动力。因此，要充分发挥城市对土地、资本、人才、技术的聚集功能，重点是解决进城务工人员的同城待遇问题，促进"人的城市化"。政府调整支出结构，增加对进城务工人员的公共服务支出，包括医疗、社会保障、子女教育以及保障住房建设等。

五 广西北部湾经济区城市群未来发展方略

（一）一体化

努力破除行政区划、城乡二元体制的限制和障碍，以"三位一体"（行政管理一体化、经济社会一体化、资源环境一体化）促进"三维联动"（城镇乡、港城业、海陆空关联发展），形成集约高效、功能完善、城乡统筹、社会和谐、环境友好的一体化格局。重点打造"南宁－滨海走廊"，规划建设高新技术产业区、绿色工业园区、专业物流区、中央商业区、生态休闲旅游区、高品质生活居住区，将其打造成为"两高一低一体化"（高效能、高品质、低碳化、一体化）的科学发展走廊和对接东盟的主通道。

（二）绿色化

围绕"蓝天碧水，绿意盎然"的海湾型城市群核心任务，以建设"生态城市、绿色经济、低碳示范区"为主题，坚持经济效益、社会效益和生态效益相统一，坚持近期利益和远期利益相结合，适度发展临海重化工业，着重引进大企业和大项目，杜绝排污严重的工业项目，将传统工业生态化，积极发展海洋高端产业，探索具有引领未来意义的新兴滨海城市群发展模式，形成独具亚热带特色的北部湾城市群，形成在国内、东南亚区域都有示范意义的低碳发展示范区。

（三）人文化

塑造广西北部湾经济区城市群"面朝大海，春暖花开，朴实进取，开放多样"的人文精神，尊重自然，尊重人性，尊重地域文化和传统，把人

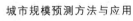

的个体发展与城市的整体发展相结合,把城市的历史文化积淀和现代城市文明融合,把人文特色融入北部湾山水特色之中,把人文气息融入城市功能布局和空间规划之中,把人文精神塑造融入经济社会发展之中,培育具有时代特征、北部湾特色、大众特性的城市群文化,使人文发展和经济社会发展相得益彰。

第一章　城市规模的相关理论

- 城市是构成区域经济、社会、政治复合体中的一个元素。

　　　　　　　　　　　　　　　　　　——《雅典宪章》第 1 条

- 与经济、社会和政治价值相提并论的是人的生理和心理本原的价值，它们与人类密不可分，并将个体和群体秩序引入了人们思考的范畴。只有当个体和群体这两个支配人性的对立原则达到和谐时，社会才能够繁荣发展。

　　　　　　　　　　　　　　　　　　——《雅典宪章》第 2 条

- 人类尚未揭开地球生态系统的谜底，生态危机却到了千钧一发的关头。用历史的眼光看，我们并不拥有自身所居住的世界，仅仅是从子孙处借得，暂为保管罢了。我们将把一个什么样的城市和乡村交给下一代？

　　　　　　　　　　　　　　　　　　——《北京宪章》第 2.1 条

第一节　城市规模的概念

城市规模（city size），狭义的概念指城市的人口数量，广义的概念指城市的人口数量、建成区面积和经济实力等。由于城市人口数量比较容易统计和计算，且城市人口数量具有综合意义，在一定程度上间接反映了城市的经济实力、建成区面积等，因此，人口数量成为各国普遍采用的衡量城市规模的基本指标。

城市是人类社会出现社会大分工后形成的聚居中心，简单从字面上理解，"城"是大规模的、牢固的、具有防御性的建筑群；"市"是商品交易的场所。城市的产生源于政治、军事及商品交易的需要，由于人口（尤其是社会精英）的聚集而产生了各种社会活动，使其成为人类文明的摇篮和宝库。城市与生俱来的经济、政治及文化的聚集和辐射功能及其产生的各种就业机会，吸引着农村劳动力源源不断地移入，这就是人类社会正在演变的城市化进程。1910年，全球城市化率约为20%，1960年为33%，1990年达到39%。2009年是城市规模发展的转折点：全球人口的50.1%居住在城市，在人类发展史上，出现了城市人口数量超过了农村人口数量的现象。

城市已经对人类产生了根本性的影响，未来对人类发展进程的影响将更加巨大。

根据联合国2009年的预测，2030年，全球人口的60%将居住在城市；2050年，这个比例将达到70%。未来40年，全球人口将增加约30亿，同时，将有30亿人口移居城市。值得关注的是，未来新增的30亿城市人口，仅有0.45亿分布在人口超过500万的大城市，另外29.55亿分布在人口小于500万的较大城市、中等城市和小城市里，其中的15亿将就近移居到本地人口小于100万的中小城市。这表明，目前人口小于500万的城市是全球人口城市化的主要载体，而且今后20年工业化大部分将发生在这些城市。在全球气候变暖的背景下，这些城市在经济、社会和环境等方面的可持续发展对世界的未来至关重要。城市化进程中的人类行为，包括土地开发、森林及水等自然资源的消耗、工业及生活垃圾的排放等，正在深刻地影响着全球的生态环境。城市人口生产、生活所排放出的二氧化碳约占全球总排放量的80%，消耗的木材约占全球总使用量的80%。同时，城市本身"疾病"持续蔓延：土地、水电等资源能源供应紧缺，城市贫困人口不断增加，交通越发拥挤，污染日趋严重，新鲜的空气和干净的水源越来越稀缺，安全、健康的食品越来越稀少……全球城市化正在面临严峻的挑战，同时，城市的发展正在决定着整个地球生物圈的生存质量。

为此，本书以生态文明为视野，以可持续发展为观照，考虑到城市的未来发展，不仅要与城市及周边地区的经济机会、社会公平紧密联系，而且必须体现出面向整个人类的环境责任。鉴于城市发展与资源能源消耗的紧密联系以及政府、民众的关注点，本书把城市规模的概念拓展为经济规模、人口规模、能源消耗规模、用地规模。具体的衡量指标有：地区生产总值（GDP）、常住人口、能源消耗量、建成区面积（见表1-1）。这四个指标是相互影响、相互制约的，其对城市规模的影响相辅相成、密不可分。

表1-1　衡量城市规模的四个维度和指标

维度	指标	单位
经　济	地区生产总值	亿元
人　口	年末常住人口	万人
能　源	能源消耗量	万吨标准煤
用　地	建成区面积	平方公里

注：四个指标的统计数据均仅指市区，不包括辖县的市行政区。

城市经济（city economy）指以城市为载体和发展空间，生产要素高度聚集，第二、第三产业高度集中，规模效应、聚集效应和扩散效应十分突出的经济体。城市经济的特点如下：人口、财富和经济活动在空间上的集中；工业和服务业在整个经济活动中占支配地位；经济活动具有对外开放性。

城市人口（city population）指城市建成区内常住的非农业人口。影响城市人口数量的主要因素包括自然因素：地理位置、地形、气候、水源（淡水）、土壤和可开发利用的矿产和动植物资源等。社会经济因素：经济发展水平、就业及发展机会、交通及通信的通达性、文化教育水平、医疗卫生等。政治因素：国家政策及规划、战争和政治变革（如迁都）等。

城市能源消费量（city energy consumption）指一定时期内城市用于生产、生活所消费的各种能源数量的总和。一般采用综合能源消耗量的概念，即不仅包括实际消费量，还包括加工转换、输送、分配、储存过程中以及由于客观原因造成的各种损失量；不仅包括城市自己生产并使用的一次能源和外部输入的一次能源，还包括二次能源。

城市建成区面积（city built-up area）指城市行政区内实际已成片开发建设、市政公用设施和公共设施基本具备的地区。城市近郊的一些建成地段，尽管未同市区连成一片，但同市区的联系十分密切，已成为城市不可分割的一部分，也被视为城市建成区。总体而言，城市建成区面积指城市行政区域内（不包括市辖县）的全部土地面积（包括水域面积），由市区面积和郊区面积两部分组成。

国际上统一用城市聚居（常住）人口数量来划分（区分）城市规模的大小，但不同的国家及主要国际组织（联合国、世界银行）的具体分级标准不尽一致。1989 年制定的《中华人民共和国城市规划法》规定，大城市指市区和近郊区非农业人口达 50 万以上的城市，中等城市指市区和近郊区非农业人口达 20 万以上、不满 50 万的城市，小城市指市区和近郊区非农业人口不满 20 万的城市。但是，这部规划法已于 2008 年 1 月 1 日废止，而同时实施的《中华人民共和国城乡规划法》没有设定城市规模的条文。也就是说，目前我国尚未从立法的层面对大、中、小城市规模概念进行规定。美国对城市规模按人口的划分也没有立法层面的规定，但是一些州对本州城市规模按人口的划分有法定的标准。一般而言，美国按人口规模把城市划分为四个等级（见表 1 - 2）。

表 1 - 2 按人口数量划分的城市规模

联合国分类标准		中国分类标准 *	
2 万 ~10 万	中小城市	50 万以下	小城市
10 万 ~100 万	大城市	50 万 ~100 万	中等城市
100 万以上	特大城市	100 万 ~300 万	大城市
世界银行分类标准		300 万 ~1000 万	特大城市
50 万以下	小城市	1000 万以上	巨大型城市
50 万 ~100 万	中等城市	美国分类标准	
100 万 ~500 万	较大城市	1 万以下	四级城市
500 万 ~1000 万	大城市	1 万 ~2 万	三级城市
1000 万以上	特大城市	2 万 ~10 万	二级城市
		10 万以上	一级城市

注：* 此分类标准由 2010 年《中小城市绿皮书》制定并发布。

专栏 1 - 1　全球人口最多十大城市排行

名次	城　市	2010 年人口（万人）	2025 年人口预计（万人）	所在国家
1	东　京	3670	3710	日　本
2	新 德 里	2220	2860	印　度
3	圣 保 罗	2030	2370	巴　西
4	孟　买	2000	2580	印　度
5	墨西哥城	1950	2070	墨 西 哥
6	纽　约	1940	2060	美　国
7	上　海	1660	2000	中　国
8	加尔各答	1560	2010	印　度
9	达　卡	1460	2090	孟 加 拉
10	卡 拉 奇	1310	1810	巴基斯坦

资料来源：联合国人口基金：《2011 年世界人口状况报告》。

第二节　城市规模分布

城市首位律（law of the primate city），是马克·杰斐逊[①]在 1939 年对国家城市规模分布规律的概括：某国家或区域中第一大城市的规模比第二位城市大至少两倍，这就是城市首位律。在某区域的政治、经济、社会、文化中占据明显优势的领导城市被定义为首位城市（primate city）。某区域中最大城市与第二位城市人口之比被称为城市首位度（urban primacy ratio），首位度在一定程度上代表了城市体系中的城市人口在最大城市的集中程度。4 城市指数和 11 城市指数是城市首位度测算的进一步完善和拓展，一般规律是：2 城市指数大于 2，4 城市指数和 11 城市指数大于 1。

城市首位度，区域内最大城市与第二位城市人口之比：

$$S_2 = P_1/P_2$$

4 城市指数，区域内 4 个规模最大的城市中，规模最大的城市人口数与

_____

[①]　马克·杰斐逊（Mark Jefferson, 1863 - 1949），美国地理学家。

其他 3 个城市人口之和的比：

$$S_4 = P_1/(P_2 + P_3 + P_4)$$

11 城市指数。区域内 11 个规模最大的城市中，规模最大的城市人口的倍数与其他 10 个城市人口之和的比：

$$S_{11} = 2P_1/(P_2 + P_3 + P_4 + \cdots + P_{11})$$

其中，P_1，P_2，$\cdots$，P_{11} 为城市体系中按城市人口规模从大到小排序后，某位次城市的人口规模。

位序 - 规模法则（rank-size rule），这是奥尔巴赫[①]在 1913 年首先发现的规律。一个城市的人口规模和该城市在全国所有城市按人口规模排序中的位序的乘积是一个常数：

$$P_i \times i = K$$

其中，i 为该城市在全国所有城市按人口规模排序中的位序；P_i 为第 i 位城市的人口规模；K 为常数。K 值越大，表明该国家的城市规模整体越大。

城市规模越大的等级，城市数量越小；而规模越小的城市等级，城市数量越多。城市数量随规模等级而变动的规律被称为城市规模等级金字塔。金字塔的基础是大量的小城市，塔的顶端是一个（常常就是首位城市）或少数几个特大城市。

专栏 1 - 2　中国城市规模体系具有以中小城市为主的特点

按全国 2004 年设置的 660 个城市的行政等级划分，共有直辖市 4 个（北京、上海、天津、重庆）；地级市 283 个，占设市总数的 42.87%；县级市 373 个，占 56.51%。按已设市的 660 个城市的市区非农业人口规模划分，全国有 100 万以上人口的特大城市 49 个，50 万 ~ 100 万人口的大城市 78 个，20 万 ~ 50 万人口的中等城市 213 个，20 万以下的小城市 320 个（见图 1 - 1）。

---

①　奥尔巴赫（Felix Auerbach，1856 - 1933），德国地理学家。

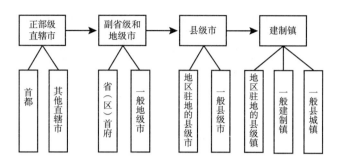

图 1 – 1　中国城镇的行政等级

第三节　城市规模的适度性

适度城市规模（moderate city size）是一个古老的问题，更是一个现实问题。自从城市产生以来，最优城市规模（optimum city size）的问题一直困扰着诸多学者：能够使城市产生最大效益的人口规模是多少？

最优城市规模的假设最早可追溯到古希腊，柏拉图[①]认为，理想的城市有 5040 个居民。5040 是 7 的阶乘，同时 $10 \times 9 \times 8 \times 7 = 5040$，并且 5040 能被 1、2、3、4、5、6、7、8、9、10、12 整除。他认为，5040 的人口规模不仅有利于城市土地等财产的划分，而且也有利于政治选举：城市里的居民应该相互认识，知根知底，这样可以确保选出的官员有良好的素质。英国经济学家舒马赫[②]认为，最优城市规模的上限大约为 50 万居民。美国经济学家查尔斯·P. 金德尔伯格[③]则认为，城市规模以 200 万 ~ 300 万人为宜。

美国地理学家威廉·阿朗索[④]等学者从成本和收益角度分析了最优城市规模（见图 1 – 2）。他们假设城市成本和收益的变化是城市规模的函数。MC 为边际成本，MB 为边际收益，AC 为平均成本，AB 为平均收益。当

---

①　柏拉图（Plato），古希腊著名哲学家、数学家。
②　舒马赫（E. F. Schumacher, 1911 – 1977），担任过英国驻德管制委员会经济顾问。
③　查尔斯·P. 金德尔伯格（Charles P. Kindleberger, 1910 – 2003），美国最顶尖的经济学家和经济历史学家之一，麻省理工学院教授。
④　威廉·阿朗索（William Alonso, 1933 – 1999），美国地理学家，世界知名的区域科学专家，美国哈佛大学教授。

$MC=MB$，即边际成本等于边际收益时，就是理论上的最优城市规模。由于在实际测算中，边际收益和边际成本难以测量，一般采用另一种衡量方法，当 $AC=AB$，即平均成本等于平均收益时，被确定为最佳规模或均衡规模。

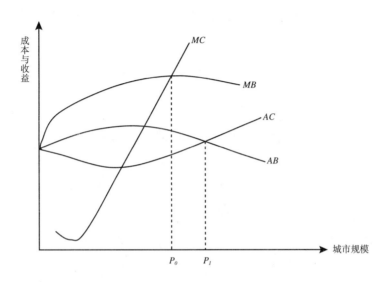

图1-2　城市最佳规模

衡量最优城市规模成熟的理论是英国经济学家约翰·巴顿[①]提出的城市规模成本效益曲线，其核心思想是，随城市规模扩大而变动的人均效益从开头迅速增长，后来上升趋势减弱，最后下降（见图1-3）。AB 是平均收益；MB 是边际收益；AC 是平均成本；MC 是边际成本曲线。P_1 点是城市最小的合理人口规模；P_2 点是平均收益最高时的人口规模；P_3 点是边际效益最高时的人口规模，城市总效益最高；P_4 是城市规模不经济临界点。

大量的实证研究表明，城市最优或适度规模只能是一个相对的概念，是一个属于规范分析范畴的问题。从不同的价值评价角度和采用不同的评价标准，可以得出不同的最优规模和适度规模。况且最优规模是时间的变量，科学技术水平随着时间不断进步，城市环境空间所能承载的"理想"人口数量也在变化。另外，尽管理论上可以通过边际成本等于边际收益来确定最优

[①]　约翰·巴顿（John Barton, 1789-1852），英国经济学家。

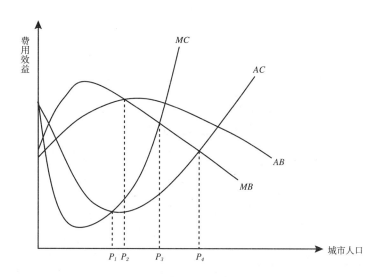

图 1-3 与城市规模相关的个人费用与效益

城市规模，但是在实际测算中却很难操作：城市成本、城市收益的核算应该包括哪些指标？如何统一这些指标的量纲并进行加权平均？如何把城市成本、城市收益分别构建成城市人口的函数？如果仅采用单指标来进行测算，如把城市居民收入看成城市（生活）的收益，把城市居民支出看成城市（生活）的成本，然后机械地根据边际成本等于边际收益来确定最优城市规模，那么这样得出的结论未免有失偏颇。因此，统一的、能被普遍接受的城市最优规模至今仍然没有找到，也许它根本就不存在。当然，对于某一特定的城市，在一定的历史时期内，根据其具体条件，研究其适度规模是有必要的。

本书认为，城市的适度规模，应该是区域效益、经济效益、社会效益和生态环境效益相协调和统一，因此，必须立足于这四个维度，多层次地分析它们之间相互促进或相互制约的关系，寻求城市可持续发展的"均衡点"。适度城市规模多维、多视角的分析框架如图 1-4 所示。

确定某个城市的适度规模，应包括以下几个步骤。

一是分析该城市的发展条件。主要指城市所处的地理位置和自然资源条件。城市的地理位置，是城市规模的决定性因素。一定的地理位置决定了城市的通达性和开放性，决定了城市发展（规模扩张）所需资源的可获取性。

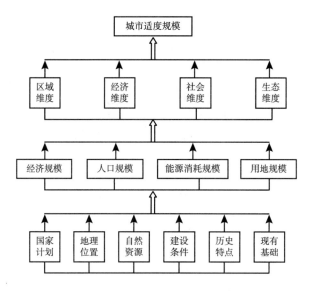

图1-4 城市适度规模的分析框架

二是分析该城市在全国或区域中所处的地位和作用。从区域的条件和经济社会发展的客观要求出发，分析该城市在国家或区域中的政治地位、经济影响力和文化影响力，以及城市的历史发展特点、现有基础和发展潜力。国家或区域相关发展规划所确定的该城市的性质和发展方向。

三是运用一定的数量方法测算及预测城市规模。

四是通过综合平衡，对不同的发展规模方案进行比较，均衡得失，确定适度城市规模。

第四节　新中国城市规模发展政策的演变

早在1945年，毛泽东在《论联合国政府》一文中就高瞻远瞩地预言："农民——这是中国工人的前身。将来还要有几千万农民进入城市，进入工厂。如果中国需要建设强大的民族工业，建设很多现代的大城市，就要有一个变农村人口为城市人口的长过程。"

第一个五年计划时期（1953～1957年）的城市建设方针是"重点建设，稳步前进"。围绕156个重点项目的布局，被确定为重点建设的新工业城市如太原、包头、兰州、西安、武汉、大同、成都、洛阳等很快发展成为大城市或特大城市。

20 世纪 50 年代后期，特别是进入 60 年代以来，中国与西方及苏联的关系很紧张。出于对国际严峻形势的估计，毛泽东的城市思想发生了变化。从开始的"集中"发展转向"分散"发展，开始强调"控制大城市规模和发展小城镇"。

20 世纪 60 年代后期到 1976 年，国务院和国家建委一再强调要认真贯彻执行"严格控制大城市规模，搞小城市"的方针。整个"文化大革命"期间，城市人口反向流入乡村，"三线"工业则强调进山、入洞，否定用城镇形式来组织工业。大城市发展极为缓慢，小城市也没有发展起来，建制镇的数量还有所下降了。

1978 年，全国第三次城市工作会议把"控制大城市规模，多搞小城镇"正式确立为国家的城市建设方针。

1980 年，全国城市规划工作会议补充了对中等城市的对策，把"控制大城市规模，合理发展中等城市，积极发展小城市"作为国家的城市发展总方针。随后，该城市发展方针被纳入城市规划法中。

1984 年，中央政府允许农民自带口粮进城务工经商和实施新的市镇设置标准后，中国小城市（镇）获得了长足发展的新动力。

1985 年，第七个国民经济五年计划明确指出："坚决防止大城市过度膨胀，重点发展小城市和小城镇"，从而推动了小城市和小城镇的发展，中国小城镇的数量从 1984 年的 6122 个增加到 1994 年的 17000 多个。

20 世纪 80 年代后期，中国城市发展方针又被调整为"控制大城市规模，积极发展中、小城市"。并且，在实际执行过程中，对若干区位条件较好的大城市实行了较为宽松的政策。1989 年颁布的《中华人民共和国城市规划法》进一步明确指出："严格控制大城市规模，合理发展中等城市和小城市的方针，促进生产力和人口的合理布局。"

20 世纪 90 年代以来，中国城市化发展方向成为学术界讨论的热点，是中国城市规模发展政策演变的前奏。小城市重点论、城乡一体化论或城乡融合论、大城市重点论、中等城市重点论、大中小合理结构论等观点"百家争鸣"。

2008 年 1 月，《中华人民共和国城乡规划法》正式施行，现行《城市规划法》同时废止。从《城市规划法》到《城乡规划法》，仅一字之差，却意味深长：中国正在打破原有的城乡分割规划模式，进入城乡统筹规划的新时代。新法在内容上要求城市发展与经济、社会、环境等协调发展，提出了"充分发挥城市中心辐射带动作用，促进大中小城市和小城镇协调发展的同时，合理安排城市、镇、乡村空间布局"。这些调整正在深刻地影响中国的城乡规划体系、城市规模发展及人居环境建设。

第五节　城市规模的预测方法

本书的城市规模预测包括四个指标：地区生产总值（GDP）、常住人口、能源消耗量、建成区面积。每个指标的预测均坚持定性分析和定量预测相结合的原则，充分研究每个城市发展特征和存在问题，深入分析城市未来发展的影响因素与发展趋势，在基础数据收集和分析、方法选取和使用上做到规范和有据可依。

为了提高预测的综合性与科学性，采用三种方法进行预测，然后通过综合分析及加权平均得到最终预测结果。

随着我国经济和城市的快速发展，人口与资源环境的矛盾日益尖锐，一些城市，缺水、缺电、用地紧张、环境污染等问题凸显。因此，在预测城市规模时，有必要考虑资源和环境对人口的承载能力。当然，实际应用时应因地制宜，结合具体情况考虑城市所处的发展阶段和面临的资源环境问题。比如，本书研究的广西北部湾经济区城市群是新兴的城市群，水资源比较丰富，在目前以及未来一定时期尚不成为城市规模扩张的限制性条件，因此，水资源承载力在研究中不予以考虑。

一　基础数据

（一）数据来源

原则上，以官方公布的统一口径的各年度统计年鉴和统计公报为主要的数据来源。目前，我国城市人口的统计数据比较混杂，存在若干口径，包括辖县的市行政区户籍人口、辖县的市行政区常住人口、市区户籍人口、市区常住人口等。本书中的城市人口统计数据采用市区年末常住人口（不包括辖县）。

（二）数据插补

对于历史数据的不连续性，如某些年份数据缺失，为了获得连续的系列数据以展开必要的测算，利用统计方法进行数据插补，一般包括比例法和数据内插法等。

（三）平滑处理

对于个别历史数据出现的强烈波动，如因受偶然因素影响，个别年份的数据出现剧增或剧减，为了消除这种不正常波动对未来总体趋势变化的影响，有必要对原始数据进行平滑处理，一般采用移动平均数法、指数平滑法等。

二 历史、现状及趋势分析

（一）历史分析

过去的发展轨迹是未来发展的重要参照。对城市经济、常住人口、能源消耗量、建成区面积等指标的历史数据进行简要的回顾，分析有关的演变特征等，以使与预测相关的必要信息得到反映。

（二）现状分析

现状支撑着未来的发展，对现状的定性、定量分析是预测未来的基础。简明扼要地对城市规模发展现状进行分析和比较，为预测提供必要的信息支撑，使预测结果可追溯且符合"情理"。

（三）趋势分析

城市规模的变迁是一个综合分析研究的过程，通常要分析的方面包括城市化趋势：上层规划或更大区域的城市发展趋势，其对本城市未来发展带来的可能影响；经济发展趋势：城市经济发展是影响城市规模的重要因素，未来城市经济发展的趋势、目标、战略等，都可作为判断未来城市规模变化的依据；资源环境状况：分析资源环境条件是否已经或将要成为影响城市发展的制约，是否影响到未来的城市规模变化；人口政策：国家的人口政策也会对城市规模变化产生直接影响，分析人口政策的可能变化，说明其对城市人口规模的可能影响；城市类比：选择具有可比性的城市，参考其相应历史发展阶段的城市规模变化历程。

三　预测方法

（一）增长率法

增长率法通过变量的增长率预测变量的未来值。该预测方法中仅有一个自变量——增长率 r，r 值的确定涉及对历史数据的分析和对未来变化趋势的影响分析及判断。过去的变化趋势，并不一定在将来能够持续，却可作为分析未来变化的基础。本书把变量在过去 n 年的平均年增长率作为 r 的一个备选预测方案值，同时结合历史分析、现状分析、趋势分析确定另外两个 r 的备选预测值，然后根据不同备选值"r"的预测结果进行定性、定量的比较分析，确定最终预测值。尽管增长率法很简单，但在现实的城市规模预测中应用较多，因为该方法具有较强的逻辑性与可追溯性，其预测结果也很有参考价值。

（二）时间序列预测法

时间序列预测法是一种历史数据延伸预测，也被称为历史引申预测法。该方法是以变量的时间数列所能反映的发展过程和规律性进行引申外推，预测其发展趋势。时间序列预测法可用于短期、中期和长期预测，主要包括以下几种。

第一，简单序时平均数法，也称算术平均法，即把若干历史时期的统计数值作为观察值，求出算术平均数作为下期预测值。该方法只适用于变量变化不大的趋势预测。

第二，加权序时平均数法。把各个时期的历史数据按近期和远期影响程度进行加权，求出平均值，作为下期预测值。

第三，简单移动平均法。相继移动计算若干时期的算术平均数作为下期预测值。

第四，加权移动平均法。将简单移动平均数进行加权计算。在确定权数时，近期观察值的权数应该大些，远期观察值的权数应该小些。

第五，指数平滑法。在移动平均法基础上发展起来的一种时间序列分析预测法，通过计算指数平滑值，配合一定的时间序列预测模型对变量的未来进行预测。其原理是任一期的指数平滑值都是本期实际观察值与前一期指数平滑值的加权平均。

第六，季节趋势预测法。根据每年重复出现的周期性季节变动指数，预测其季节性变动趋势。推算季节性指数可采用不同的方法，常用的方法有季（月）别平均法和移动平均法。

第七，趋势线预测法。根据时间序列的发展趋势，配合适当的模型曲线，外推预测未来的趋势。应用趋势线法有两个假设前提：一是决定变量过去发展的因素，在很大程度上仍将决定其未来的发展；二是预测一般是渐进变化，而不是跳跃式变化。常用的趋势线预测方法有：直线、多项式曲线、指数曲线、修正指数曲线、成长曲线等。

第八，灰色预测法。对含有不确定因素的系统进行预测的方法。灰色预测通过鉴别系统因素之间发展趋势的相异程度进行关联分析，并对原始数据进行生成处理来寻找系统变动的规律。通过生成有较强规律性的数据序列，建立相应的微分方程模型，预测系统未来发展趋势。

（三）　系统模型预测法

系统模型预测法有很多种，这里不便一一叙述。本书采用动力学系统。在动力学系统中，一般把系统分为两种类型：一是连续系统，其数学模型一般是高阶微分方程；另一种是离散系统，它的数学模型是差分方程。其中，由微分方程组模型演化形成的系统动力学（System Dynamics）模型是福瑞斯特[①]于 20 世纪 50 年代中期创立的，50 年代后期系统动力学逐步发展成为一个新的领域。系统动力学博采众长，融系统论、控制论、信息论、决策论、管理科学及计算机仿真技术于一体。该方法在应用领域上的经典著作是 1972 年出版的《增长的极限》，其对全球经济发展、人口增长及资源环境支撑能力的预测和警告至今仍"警钟长鸣"。

（四）　资源环境承载力预测法

资源环境承载力法根据城市赖以存在和发展的土地、水、能源等资源环境条件，分别按照某种适宜的人均占用水平或标准，对资源环境可以承载的城市规模进行测算，得出的是城市的极限人口规模。该方法主要包括土地承载力法、水资源承载力法、电力承载力法等。资源环境承载力法在应用上的

---

① 福瑞斯特（Jay Wight Forrester），美国麻省理工学院教授，著名的计算机工程师、系统工程科学家。

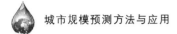

难度在于：由于资源环境系统的开放性，很难确定或成为城市规模的绝对约束。对于一个城市，非建设用地或生态用地所占的合理比例，人均用地面积、人均用水量、人均用电量、人均 GDP 的理想值，不同类型和处于不同发展阶段的城市，选择的标准可能有很大的不同。因此，本方法的测算或者说预测结果只能是一种相对标准，或者说是对发展质量的一种选择。

第二章 广西北部湾经济区城市群发展环境分析

● 地中海时代，随着美洲的发现而结束了，大西洋时代正处于开发的顶峰，势必很快就要耗尽它所控制的资源。唯有太平洋时代，这个注定成为三者之中最伟大的时代，仅仅初露曙光。

——1903 年，美国总统罗斯福

● 2011 年，中国城市化率突破 50%，必将引起深刻的社会变革，在中国发展进程中是一个重大的指标性信号。

——《中国新型城市化报告 (2012)》

第一节 发展优势

一 政治优势

广西北部湾经济区城市群包括南宁市、北海市、钦州市及防城港市四个市，土地面积为 4.25 万平方公里，占全广西土地面积的 17.9%，海域面积达 12.93 万平方公里。截至 2012 年底，人口 1237.8 万人，占全广西的 26.44%。2004 年以来，随着中国 – 东盟博览会长期落户南宁以及 2010 年中国 – 东盟自由贸易区建成，广西北部湾经济区已成为中国面向东盟各国开放合作的前沿阵地，在我国"睦邻、富邻、安邻"的外交政策及开放发展格局中具有重要的地位和作用。

2008 年 1 月，国家批准实施《广西北部湾经济区发展规划》，将该区域的发展上升为国家发展战略，国家对广西北部湾经济区的定位是：建成中国－东盟开放合作的物流基地、商贸基地、加工制造业基地和信息交流中心；成为带动、支撑中国西部大开发的战略高地，以及开放度高、辐射力强、经济繁荣、社会和谐、生态良好的重要国际区域经济合作区。

二　地理优势

（一）地理位置优越

北部湾（Beibu Gulf，旧称 Gulf of Tonkin），是一个半封闭的大海湾，地处热带和亚热带，位于中国（雷州半岛、海南岛和广西壮族自治区）及越南（广宁省、海防市、太平省、南定省、宁平省、清化省、义安省、河静省和广平省）之间①，南与南海相连，面积约 12.8 万平方公里，平均水深 42 米，最深达 100 米。该区域集陆地、海洋、半岛、岛屿为一体，有波平浪静的海湾、天然优良的港口、丰富的海洋生物资源和秀美壮丽的山水，终年温暖，四季常青，展现出生机勃勃的生态环境，是蕴藏着丰富自然资源的"天富之区"。广西北部湾经济区城市群位于东南亚与东北亚的接合部，是中国－东盟自由贸易区的核心部位，是华南经济圈、西南经济圈和东盟经济圈的交汇处，既有便捷的陆上通道通往中南半岛，又有沿海港口通达世界各国，是西南出海大通道，也是东盟国家乃至亚太国家进入我国中西部的大通道。

（二）中国唯一与东盟海陆相交的地区

广西北部湾经济区是中国与东盟海陆相交的唯一地区。与东盟既有陆地接壤，又隔海相望，陆界国境线 637 公里，大陆海岸线长 1595 公里。北部湾海域是周边港口群的天然联系纽带，是经济地理学上所说的"一日区"（相隔最远的沿海港口直航一日可达）。早在汉武帝时代就已开辟从番禺（今广州）经徐闻到合浦，再经东南亚抵印度半岛和斯里兰卡的海上航线。据考证，广西合浦是中国古代海上丝绸之路的始发站。北部湾经济区南临南海，隔海与菲律宾、马来西亚、文莱等国相望。就"泛北部湾经济合作"

---

① 根据《中越北部湾划界协定》，北部湾越南段在北纬 17 度 47 分，东经 107 度 58 分的昏果岛附近。昏果岛隶属于广治省，这样北部湾越南段的沿海省份有（自北向南）：广宁、海防、太平、南定、宁平、清化、义安、河静、广平和广治（部分）十省市。

而言，它的外延已经扩展到南海及其沿岸国家、地区。

（三）具有优良的建港条件

广西北部湾港口地处呈半封闭状态的海湾区域，地形隐蔽，避风条件好，建港优势突出。据测算，广西北部湾海岸线长达 1500 多公里。初步估计，可建 120 个以上的万吨级深水泊位，开发潜力达年吞吐能力两亿吨以上。另外，广西北部湾港口具有广阔的经济腹地，主要包括大西南 5 省区（广西、云南、贵州、四川、西藏）及重庆市、湖南省的一部分，面积约为全国的 1/3。

三 通达优势

（一）中国离东盟国家最近的港口

自广西北部湾港口出海经马六甲海峡，东航至关岛，南航可达悉尼，西航经科伦坡可达波斯湾地区及东非，北航可通南亚，为中国大西南地区进出口货物提供便利的海上通道。大西南地区的货物由昆明经钦州港出海仅 966 公里，比绕道贵阳经湛江出海近 290 多公里，比绕道湖南经广州出海近 1161 公里；湘桂铁路和枝柳铁路过来的货物经黎（塘）钦（州）铁路从钦州港出海比经黎（塘）湛（江）铁路出海近 125 公里。

（二）对东盟的陆路交通尤其是公路交通优势明显

广西北部湾经济区城市群是中国内地通往越南的交通枢纽。南宁至友谊关高速公路与越南贯穿南北的 1 号公路相接，是中国通往中南半岛最便捷的公路。纵贯中国泛珠三角地区和中南半岛国家的南宁至新加坡公路交通走廊也已全线贯通。对比 2007 年 3 月开通的昆曼公路，南曼公路（经东西走廊）距离短，地势平坦，资源丰富，距港口近，人员与贸易往来频繁。

第二节 发展现状

一 广西北部湾经济区城市群①区域经济发展现状（见表 2 - 1）

（一）GDP：增速 13.5%，占比 33.12%

2012 年广西北部湾经济区（以下简称"经济区"）地区生产总值

---

① 即广西北部湾经济区。

（GDP）达 4316.36 亿元，比上年增长 13.5%，增幅比上一年下降了 2.4 个百分点，比广西全区高 2.2 个百分点。经济区 GDP 占广西的比重为 33.12%，比上一年 32.97% 的比重略有提高。人均 GDP 35015 元，比广西平均水平高 7072 元，比上一年增长 12.5%。南宁、北海、钦州、防城港 GDP 在广西 14 个地级市中的排名分别为第 1、第 9、第 7、第 13 位，人均 GDP 排名分别为第 4、第 3、第 9、第 1 位，GDP 增速排名分别为第 5、第 1、第 6、第 4 位，人均 GDP 增速排名分别为第 4、第 1、第 6、第 5 位。

（二）财政收入：增速 21.3%，占比 39.43%

2012 年经济区财政收入 713.67 亿元，比上年增长 21.3%，增幅比上一年下降了 12 个百分点，比广西高 3.9 个百分点。经济区财政收入占广西的比重为 39.43%，比上年提高了 1.3 个百分点。公共财政预算收入 339.98 亿元，比上年增长 22.7%。人均财政收入 5789 元，比全区高 1908 元。南宁、北海、钦州、防城港财政收入在广西 14 个地级市中的排名分别为第 1、第 7、第 4、第 11 位，公共财政预算收入排名分别为第 1、第 7、第 10、第 9 位，人均财政收入排名分别为第 3、第 2、第 5、第 4 位，财政收入增速排名分别为第 7、第 1、第 12、第 4 位，公共财政预算收入增速排名分别为第 11、第 13、第 5、第 10 位，人均财政收入增速排名分别为第 7、第 1、第 12、第 4 位。

（三）规模以上工业增加值①：增速 24.7%

2012 年经济区规模以上工业增加值比上年增长 24.7%，增幅比上一年下降了 10.7 个百分点，比广西高 8.8 个百分点。南宁、北海、钦州、防城港规模以上工业增加值增速在广西 14 个地级市中的排名分别为第 4、第 1、第 8、第 5 位。

（四）全社会固定资产投资：增速 23.0%，占比 35.72%

2012 年经济区全社会固定资产投资 4513.52 亿元，比上年增长 23.0%，增幅比上一年下降了 9.7 个百分点，比广西低 1.4 个百分点。全社会固定资产投资总额占广西的比重为 35.72%。南宁、北海、钦州、防城港全社会固定资产投资在广西 14 个地级市中的排名分别为第 1、第 7、第 8、第 12 位，全社会固定资产投资增速排名分别为第 8、第 11、第 12、第 13 位。

---

① 根据国家统计制度规定，工业增加值只公布相对数。

（五）社会消费品零售总额：增速 16.7%，占比 38.24%

2012 年经济区社会消费品零售总额 1710.96 亿元，比上年增长 16.7%，增幅比上年下降了 1.7 个百分点，比广西高 0.8 个百分点。社会消费品零售总额占广西的比重为 38.24%。南宁、北海、钦州、防城港社会消费品零售总额在广西 14 个地级市中的排名分别为第 1、第 10、第 7、第 14 位，社会消费品零售总额增速排名分别为第 1、第 12、第 7、第 3 位。

（六）进出口总额：增速 31.5%，占比 50.52%

2012 年经济区进出口总额 148.90 亿美元，比上年增长 31.5%，增幅比上年下降了 13.8 个百分点，比广西高 5.3 个百分点。进出口总额占广西的比重为 50.52%。其中，出口总额 55.31 亿美元，增长 19.9%，比广西平均水平低 4.3 个百分点。南宁、北海、钦州、防城港进出口总额在广西 14 个地级市中的排名分别为第 3、第 6、第 4、第 2 位，进出口总额增速排名分别为第 1、第 5、第 4、第 6 位。

（七）城镇居民人均可支配收入为 22112 元，比广西高 869 元

2012 年经济区城镇居民人均可支配收入为 22112 元，比广西高 869 元，比上年增长 12.8%。南宁、北海、钦州、防城港城镇居民人均可支配收入在广西 14 个地级市中的排名分别为第 1、第 8、第 6、第 3 位，城镇居民人均可支配收入增速排名分别为第 5、第 1、第 10、第 8 位。

（八）农民人均纯收入 6998 元，比广西高 990 元

2012 年经济区农民人均纯收入 6998 元，比广西高 990 元，比上年增长 16.0%。南宁、北海、钦州、防城港农民人均纯收入在广西 14 个地级市中的排名分别为第 7、第 5、第 6、第 1 位，农民人均纯收入增速排名分别为第 9、第 13、第 11、第 6 位。

（九）工业化率[①]

2012 年经济区工业化率为 33.89%。南宁、北海、钦州、防城港的工业化率在广西 14 个地级市中的排名分别为第 13、第 5、第 7、第 4 位。

（十）土地面积占广西的 17.96%，常住人口占广西的 26.44%

2012 年经济区土地面积为 42514 平方公里，占广西土地面积的 17.96%；年末常住人口 1237.80 万人，占广西年末常住人口的 26.44%。

---

① 工业化率 =（全部工业增加值/GDP）×100%。

表 2-1 2012 年广西北部湾经济区主要经济发展指标

指标	单位	广西	广西北部湾经济区四市				
			四市合计	南宁市	北海市	钦州市	防城港市
GDP	总量（亿元）	13031.04	4316.36	2503.55	630.80	724.48	457.53
	在全区排位	—	—	1	9	7	13
	增长（%）	11.3	13.5	12.3	21.8	12.0	12.5
	在全区排位	—	—	5	1	6	4
人均 GDP	总量（元）	27943	35015	37022	40418	23210	51836
	在全区排位	—		4	3	9	1
	增长（%）	10.4	12.5	11.2	20.7	11.1	11.2
	在全区排位	—		4	1	6	5
财政收入	总量（亿元）	1810.07	713.67	422.00	100.09	139.20	52.38
	在全区排位	—		1	7	4	11
	增长（%）	17.4	21.3	16.1	73.9	13.0	18.1
	在全区排位	—		7	1	12	4
公共财政预算收入	总量（亿元）	1165.98	339.98	229.73	41.13	33.58	35.54
	在全区排位	—		1	7	10	9
	增长（%）	23.0	22.7	23.3	11.0	31.3	25.6
	在全区排位	—		11	13	5	10
人均财政收入	总量（元）	3881	5789	6240	6413	4460	5934
	在全区排位	—		3	2	5	4
	增长（%）	16.4	20.1	15.0	72.4	16.8	12.1
	在全区排位	—		7	1	12	4
规模以上工业增加值	总量（亿元）			—	—	—	—
	在全区排位			—	—	—	—
	增长（%）	15.9	24.7	22.0	59.5	16.1	19.2
	在全区排位	—		4	1	8	5
全社会固定资产投资	总量（亿元）	12635.18	4513.52	2585.18	725.36	652.59	550.39
	在全区排位	—		1	7	8	12
	增长（%）	24.4	23.0	28.1	20.3	16.9	12.0
	在全区排位	—		8	11	12	13
社会消费品零售总额	总量（亿元）	4474.59	1710.96	1255.59	146.51	237.56	71.30
	在全区排位	—		1	10	7	14
	增长（%）	15.9	16.7	17.0	15.1	16.3	16.6
	在全区排位	—		1	12	7	3

续表

指标	单位	广西	广西北部湾经济区四市				
			四市合计	南宁市	北海市	钦州市	防城港市
外贸进出口总额	总量（亿美元）	294.74	148.90	41.47	20.78	37.67	48.98
	在全区排位	—	—	3	6	4	2
	增长（%）	26.2	31.5	65.2	21.3	26.1	19.1
	在全区排位	—	—	1	5	4	6
出口	总量（亿美元）	154.68	55.31	25.17	11.84	10.02	8.28
	在全区排位	—	—	2	3	4	6
	增长（%）	24.2	19.9	51.5	4.6	14.5	12.3
	在全区排位	—	—	2	8	5	10
城镇居民人均可支配收入	总量（元）	21243	22112	22561	21202	21600	22203
	在全区排位	—	—	1	8	6	3
	增长（%）	12.7	12.8	12.8	13.6	12.2	12.6
	在全区排位	—	—	5	1	10	8
农民人均纯收入	总量（元）	6008	6998	6777	7227	7140	7539
	在全区排位	—	—	7	5	6	1
	增长（%）	14.8	16.0	15.9	15.7	15.8	15.9
	在全区排位	—	—	9	13	11	6
工业化率	总量（%）	—	33.89	28.13	43.44	38.24	45.32
	在全区排位	—	—	13	5	7	4
土地面积	（平方公里）	236700	42514	22112	3337	10843	6222
	在全区排位	—	—	4	14	11	13
常住人口	（万人）	4682	1237.80	678.08	156.70	313.33	88.69
	在全区排位	—	—	1	13	8	14

资料来源：2013 年《广西要情手册》和《广西北部湾经济区统计月报》（2012 年 12 月）。

二　2012 年广西北部湾经济区城市群主要经济指标区内比较："龙头"地位尚待时日

2012 年广西北部湾经济区主要经济指标与桂西资源富集区、西江经济带比较，结果如下。

从发展速度来看，广西北部湾经济区占有优势。GDP、财政收入、规模以上工业增加值、进出口总额等指标的发展速度均排在"两区一带"的首位。其中，广西北部湾经济区 GDP 增速比西江经济带高 1.7 个百分点，比桂西资源富集区高 6.8 个百分点。但是广西北部湾经济区的发展速度优势在缩小，其中的公共财政预算收入、全社会固定资产投资等指标被超越。

从经济实力来看，西江经济带占有优势。GDP、财政收入、公共财政预算收入、全社会固定资产投资、社会消费品零售总额等指标均排在"两区一带"的首位。其中，西江经济带的 GDP 是北部湾经济区的 1.6 倍，是桂西资源富集区的 3.9 倍。客观地说，北部湾经济区要成为广西经济发展的"龙头"，还有一段路要走，具体数据如表 2－2 所示。

表 2－2　2012 年广西"两区一带"主要经济指标比较

	GDP（亿元）	财政收入（亿元）	公共财政预算收入（亿元）	规模以上工业增加值（亿元）	全社会固定资产投资（亿元）	社会消费品零售总额（亿元）	进出口总额（亿美元）	出口总额（亿美元）
广西北部湾经济区	4316.36	713.67	339.98		4513.52	1710.96	148.90	55.31
增速（%）	13.5	21.3	22.7	25.7	23.0	16.7	31.5	19.9
桂西资源富集区	1774.48	208.67	118.24		1810.07	418.03	81.68	71.80
增速（%）	6.7	8.5	26.8	6.8	12.2	15.6	29.6	42.3
西江经济带	6879.96	759.74	436.94		6713.51	2378.19	64.16	27.57
增速（%）	11.8	16.7	34.5	17.5	29.4	16.0	11.9	－1.5

注：桂西资源富集区包括河池、百色、崇左三个市；西江经济带包括梧州、玉林、贵港、贺州、柳州、来宾、桂林七个市。

三　2012 年广西北部湾经济区城市群四市主要经济指标与全国主要城市发展情况比较：增速领先，总量滞后

（一）南宁市与我国省会（首府）城市的比较

2012 年南宁市主要经济指标在全国 27 个省会（首府）城市的排名依次为：GDP 第 18 位，GDP 增速第 12 位，人均 GDP 第 27 位，非农产业占比第 27 位，财政收入第 19 位，全社会固定资产投资第 16 位，社会消费品零售总额第 17 位，城镇居民人均可支配收入第 19 位，农民人均纯收入第 26 位，进出口总额第 22 位，常住人口第 14 位。

南宁市人均 GDP、非农产业比重、农民人均纯收入、进出口总额排名靠后，经济实力在全国省会（首府）城市中仍处于低端。表 2－3 中具有比

较性的 27 个省会（首府）城市经济增速在 9% ~ 18.2% 之间，南宁市为 12.3%，居第 12 位。以 2012 年人民币兑美元的平均汇率折算，2012 年南宁市人均 GDP 为 5566 美元。根据世界银行 2008 年最新发布的国别收入分组标准，处于中等偏上收入水平。

（二）北海、钦州、防城港与我国主要沿海城市的比较

2012 年北海、钦州、防城港三市的 GDP 在 19 个（具有比较性的）沿海城市中分别排第 17、第 16、第 18 位；GDP 增速分别排第 1、第 5、第 3 位；人均 GDP 分别排第 14、第 19、第 11 位；非农产业比重分别排第 17、第 19、第 15 位；财政收入分别排第 16、第 15、第 19 位；全社会固定资产投资分别排第 14、第 15、第 18 位；社会消费品零售总额分别排第 17、第 16、第 19 位；城镇居民人均可支配收入分别排第 17、第 16、第 14 位；农民人均纯收入分别排第 18、第 19、第 17 位；进出口总额分别排第 18、第 17、第 14 位；常住人口分别排第 17、第 13、第 18 位（见表 2 - 4）。

三市的 GDP 总量、人均财政收入、全社会固定资产投资、社会消费品零售总额、城镇居民人均可支配收入、农民人均纯收入、进出口总额及常住人口排名均比较靠后，经济实力及人口集聚能力在全国沿海城市中仍处于低端，三市经济总量之和为 1813 亿元，略低于邻居湛江市。19 个沿海城市的经济增速为 6.7% ~ 21.8%，广西沿海三市均排在前 5 位，北海市以 21.8% 的增速雄踞榜首。以 2012 年人民币兑美元的平均汇率折算，2012 年北海、钦州、防城港人均 GDP 分别为 6367 美元、3677 美元、8152 美元，根据世界银行 2008 年最新发布的国别收入分组标准，三市均处于中等偏上收入水平。

四　广西北部湾经济区城市规模的比较分析①

（一）纵向比较

1. 南宁市

2012 年地区生产总值（当年价）、年末常住人口、能源消耗量和建成区面积分别达到 1787.17 亿元、348.42 万人、171 万吨标准煤和 242 平方

---

① 本部分内容所涉及数据仅包括市区，即建成区。

表2-3　2012年南宁市主要经济指标与我国27个省会（首府）城市的比较

城市	GDP 数值(亿元)	GDP 排名	GDP增速 数值(%)	GDP增速 排名	人均GDP 数值(元)	人均GDP 排名	非农产业占比 数值(%)	非农产业占比 排名	财政收入 数值(亿元)	财政收入 排名	全社会固定资产投资 数值(亿元)	全社会固定资产投资 排名	社会消费品零售总额 数值(亿元)	社会消费品零售总额 排名	城镇居民人均可支配收入 数值(元)	城镇居民人均可支配收入 排名	农民人均纯收入 数值(元)	农民人均纯收入 排名	进出口总额 数值(亿美元)	进出口总额 排名	常住人口 数值(万人)	常住人口 排名
石家庄	4500	12	10.4	23	54440	18	90.0	25	573	15	3729	10	1895	13	23038	17	8993	18	130	12	1039	3
太原	2311	20	10.5	21	54249	19	98.4	2	454	18	1321	20	1230	18	22587	18	10079	15	85	18	426	20
呼和浩特	2476	19	11	19	83932	6	95.1	17	316	23	1301	21	1022	20	32646	4	11361	12	17	25	295	23
沈阳	6700	6	11	19	80627	7	95.3	16	715	10	5600	2	2798	6	26430	11	13260	5	128	14	831	9
长春	4507	11	12	14	58967	13	92.8	23	927	6	3100	14	1840	14	23089	16	8570	19	197	8	764	10
哈尔滨	4550	10	10	24	45810	23	88.9	26	581	14	3950	8	2395	8	22499	20	11443	10	53	20	994	5
南京	7202	5	11.7	17	88525	5	97.4	4	1427	3	4683	4	3081	5	36322	2	14786	4	552	3	638	17
杭州	7804	3	9	27	88985	4	96.7	7	1628	2	3723	11	2945	5	37511	1	17017	1	617	2	880	7
合肥	4164	15	13.6	6	55186	16	94.5	21	694	12	4001	7	1294	16	25434	12	9081	17	176	9	757	11
福州	4218	14	12.1	13	64375	9	91.3	24	597	13	3266	13	2259	11	29399	8	11492	9	311	6	727	12
南昌	3001	17	12.5	10	59090	12	95.1	17	500	16	2623	15	1117	19	23602	15	9730	16	83	19	508	18
济南	4813	9	9.5	25	69574	8	94.8	19	709	11	2186	19	2324	9	32570	5	11786	7	92	16	695	15
郑州	5547	8	12	14	63328	10	97.4	4	975	5	3670	12	2290	10	24246	14	12531	6	358	5	903	6
武汉	8004	3	11.4	18	97408	2	96.2	9	2094	2	5031	3	3432	2	27061	10	11190	13	204	7	1012	4
长沙	6400	7	13	8	89903	3	95.7	11	797	7	4012	6	2455	7	30288	6	15057	3	87	17	715	13
广州	13551	1	10.5	21	106701	1	98.4	2	4300	1	3758	9	5977	1	38054	1	16788	2	1171	1	1270	2
南宁	2504	18	12.3	12	35138	27	87.1	27	422	19	2585	16	1256	17	22561	19	6777	26	41	22	714	14
海口	821	26	9.4	26	38726	24	93.2	22	210	24	510	26	436	24	22331	21	8134	21	130	13	212	25
成都	8139	2	13	3	57624	14	95.7	11	781	8	5890	1	3318	3	27194	9	11501	8	475	4	1418	1
贵阳	1700	22	15.9	3	46256	21	94.7	20	488	17	2483	17	683	23	21796	23	8488	20	51	21	445	19
昆明	3011	16	14.1	5	46143	22	95.5	13	378	21	2346	18	1494	15	25240	13	8040	23	144	10	653	16
拉萨	263	27	18.2	1	54888	17	97.1	6	34	27	291	27	126	27	10272	27	7000	25	33	24	57	27
西安	4369	13	11.8	16	48644	20	95.5	13	753	9	4243	5	2236	12	29982	7	11442	11	130	11	855	8
兰州	1564	23	13.4	7	37822	26	96.3	8	406	20	1239	22	749	22	18442	24	6224	27	34	23	322	22
西宁	851	25	15	4	56032	15	96.5	13	55	26	700	25	317	25	17633	26	7801	24	9	27	225	24
银川	1141	24	12.5	10	56032	15	96.5	8	187	25	919	23	316	26	21901	22	8068	22	14	26	205	26
乌鲁木齐	2060	21	17.3	11	61493	11	98.5	1	318	21	834	24	834	21	18385	25	10356	14	104	15	335	21

资料来源：相关市《2012年国民经济与社会发展统计公报》《2013年政府工作报告》等。

表 2－4　2012 年北海、钦州、防城港主要经济指标与中国 19 个主要沿海城市的比较

城市	GDP 数值(亿元)	排名	GDP增速 数值(%)	排名	人均GDP 数值(元)	排名	非农产业占比 数值(%)	排名	财政收入 数值(亿元)	排名	全社会固定资产投资 数值(亿元)	排名	社会消费品零售总额 数值(亿元)	排名	城镇居民人均可支配收入 数值(元)	排名	农民人均纯收入 数值(元)	排名	进出口总额 数值(亿美元)	排名	常住人口 数值(万人)	排名
唐　山	5862	5	10.4	8	76000	8	90.9	12	623	7	3066	3	1519	8	24358	11	10698	12	105	11	760	5
大　连	7003	3	10.3	9	102216	3	93.6	8	750	5	5654	1	2224	4	27539	10	15990	4	641	5	685	9
秦皇岛	1139	15	9.1	16	37797	15	87	14	195	12	739	13	454	15	21919	15	8315	16	44	16	302	14
青　岛	7302	2	10.6	7	94885	4	95.6	6	2450	1	4154	2	2565	2	32145	6	13990	6	732	4	878	3
烟　台	5281	6	10.3	9	75672	9	92.8	10	357	11	3044	4	1860	6	30045	7	13298	10	478	6	698	8
威　海	2338	10	9.4	14	80620	6	92.3	11	158	14	1595	9	923	10	28630	8	13962	7	171	10	290	15
连云港	1603	12	12.7	2	36470	16	85.5	16	565	8	1281	11	575	14	24342	12	9589	13	80	13	441	11
南　通	4559	7	11.8	6	62506	10	93	9	1056	4	2887	6	1709	7	28292	9	13231	11	263	8	729	6
宁　波	6525	4	7.8	17	85475	5	95.9	5	1537	3	2901	5	2329	3	37902	2	18475	2	1976	2	763	4
温　州	3650	8	6.7	19	45667	12	96.9	4	500	10	2357	7	1929	5	34820	4	14719	5	204	9	917	2
厦　门	2817	9	12.1	4	77392	7	99.1	2	739	6	1333	10	882	12	37576	3	13455	8	745	3	367	12
汕　头	1415	14	9.5	13	26047	18	94.2	7	96	17	612	16	1030	9	20024	19	9032	15	88	12	541	10
深　圳	12950	1	10.0	11	123247	2	100	1	1480	2	2314	8	4009	1	40742	1	40742	1	4668	1	1055	1
珠　海	1504	13	7.0	18	141154	1	97.4	3	163	13	788	12	635	13	32978	5	13399	9	457	7	158	16
湛　江	1901	11	10.0	11	26810	17	79.7	17	542	9	572	17	900	11	20227	18	9561	14	47	15	711	7
北　海	631	17	21.8	1	40191	14	79.7	17	100	16	725	14	147	17	21202	17	7227	18	21	18	157	17
钦　州	724	16	12.0	5	23210	19	76.8	19	139	15	653	15	238	16	21600	16	7140	19	35	17	314	13
防城港	458	18	12.5	3	51461	11	86.3	15	52	19	550	18	71	19	22203	14	7539	17	49	14	89	18
三　亚	331	19	9.3	15	44730	13	88	13	60	18	420	19	103	18	23295	13	16975	3	1	19	74	19

注: 深圳市使用的是全年居民人均可支配收入数据。

资料来源: 相关各市《2012 年国民经济和社会发展统计公报》《2013 年政府工作报告》等。

公里，分别是 2000 年的 8.30 倍、2.26 倍、1.28 倍和 2.42 倍。

2. 北海市

2012 年地区生产总值（当年价）、年末常住人口、能源消耗量和建成区面积分别达到 466.45 亿元、62.55 万人、119 万吨标准煤和 67 平方公里，分别是 2000 年的 7.14 倍、1.18 倍、1.79 倍和 2.16 倍。

3. 钦州市

2012 年地区生产总值（当年价）、年末常住人口、能源消耗量和建成区面积分别达到 434.62 亿元、122.15 万人、222 万吨标准煤和 86 平方公里，分别是 2000 年的 6.85 倍、1.04 倍、2.66 倍和 1.51 倍。

4. 防城港市

2012 年地区生产总值（当年价）、年末常住人口、能源消耗量和建成区面积分别达到 331.90 亿元、53.15 万人、75 万吨标准煤和 34 平方公里，分别是 2000 年的 8.89 倍、1.12 倍、2.34 倍和 1.94 倍（见表 2 - 5）。

表 2 - 5　1995~2012 年广西北部湾经济区城市规模发展的历史比较

指　标	城市	1995 年	2000 年	2005 年	2010 年	2012 年	2012 年是 1995 年的倍数	2012 年是 2000 年的倍数
地区生产总值（当年价,亿元）	南宁市	121.84	215.22	516.36	1303.94	1787.17	14.67	8.30
	北海市	49.14	65.37	113.24	264.58	466.45	9.49	7.14
	钦州市	40.21	63.46	99.17	203.96	434.62	10.81	6.85
	防城港市	25.76	37.32	66.23	232.90	331.90	12.88	8.89
年末常住人口（万人）	南宁市	140.98	154.00	254.24	344.95	348.42	2.47	2.26
	北海市	47.93	53.18	61.69	77.50	62.55	1.31	1.18
	钦州市	110.43	117.78	123.54	146.65	122.15	1.11	1.04
	防城港市	44.68	47.43	49.53	54.64	53.15	1.19	1.12
能源消耗量（万吨标准煤）	南宁市	129.31	133.67	138.53	176.00	171	1.32	1.28
	北海市	61.67	66.58	71.65	84.00	119	1.93	1.79
	钦州市	64.57	83.45	137.18	166.00	222	3.44	2.66
	防城港市	26.00	32.00	56.00	71.00	75	2.88	2.34
建成区面积（平方公里）	南宁市	81.40	100.00	170.00	215.00	242	2.97	2.42
	北海市	28.00	31.00	36.20	55.00	67	2.39	2.16
	钦州市	50.50	57.00	68.00	80.00	86	1.70	1.51
	防城港市	16.00	17.56	18.57	31.00	34	2.13	1.94

注：表中的城市指市区，不包括所辖的县区。

资料来源：历年《广西统计年鉴》。

（二）横向比较

与广西其他地级市相比，南宁市、北海市、钦州市、防城港市的情况如下：2012 年，南宁市、北海市、钦州市、防城港市的城市 GDP 在全区地级市的排名分别为：第 1 位、第 3 位、第 5 位、第 6 位；年末总人口的排名分别为：第 1 位、第 9 位、第 4 位、第 11 位；能源消耗量的排名分别为：第 10 位、第 11 位、第 8 位、第 12 位；建成区面积的排名分别为：第 1 位、第 9 位、第 4 位、第 11 位，具体数据如表 2-6 所示。

表 2-6 2012 年四市规模主要指标与 14 个地级城市的比较

地级市	地区生产总值		年末总人口		能源消耗量*		建成区面积	
	（亿元）	排名	（万人）	排名	（万吨标准煤）	排名	（平方公里）	排名
南宁市	1787.17	1	348.42	1	171	10	242	1
柳州市	1323.71	2	155.85	2	1500	1	172	2
桂林市	435.60	4	101.53	7	257	7	66	7
梧州市	284.54	9	54.29	10	489	2	39	10
北海市	466.45	3	62.55	9	119	11	67	9
防城港市	331.90	6	53.15	11	75	12	34	11
钦州市	434.62	5	122.15	4	222	8	86	4
贵港市	302.65	7	152.27	3	346	3	67	3
玉林市	300.99	8	107.76	5	270	6	67	5
百色市	165.99	12	38.05	12	69	13	35	12
贺州市	220.10	11	102.45	6	297	4	32	6
河池市	83.27	14	33.56	13	196	9	19	13
来宾市	252.80	10	93.03	8	289	5	35	8
崇左市	108.35	13	32.55	14	43	14	22	14

注：*《广西统计年鉴 2013》未将城市 2012 年的能源消耗量指标列入，该指标为 2011 年数据。

2012 年南宁市城市 GDP、年末常住人口在我国 27 个省会（首府）城市中排第 18 位，排名均比较靠后，在全国省会（首府）城市中处于中下端，年末常住人口排第 13 位。2012 年北海市、钦州市、防城港市三市的地区生产总值在我国 19 个主要沿海城市中分别排第 16、第 17、第 18 位，仅高于处于末端的三亚市。年末常住人口分别排第 17、第 13、第 19 位，排名也比较靠后，具体数据如表 2-7 和表 2-8 所示。

表 2 −7   2012 年南宁市规模主要指标与我国 27 个省会（首府）城市的比较

城　市	地区生产总值		年末常住人口	
	（亿元）	排名	（万人）	排名
石 家 庄	1574	20	295	17
太　原	2113	14	347	14
呼和浩特	1706	19	194	21
沈　阳	5422	5	678	3
长　春	2989	10	85	26
哈 尔 滨	2944	11	472	8
南　京	6467	3	553	7
杭　州	6213	4	443	9
合　肥	2748	13	222	19
福　州	2076	15	192	22
南　昌	1434	21	338	15
济　南	3222	9	352	12
郑　州	2812	12	587	5
武　汉	8004	2	1012	2
长　沙	4000	7	365	11
广　州	12455	1	1115	1
南　宁	1787	18	348	13
海　口	519	26	140	23
成　都	4853	6	554	6
贵　阳	1069	23	288	18
昆　明	1909	17	433	10
西　安	3690	8	654	4
兰　州	1235	22	209	20
西　宁	613	25	121	25
银　川	713	24	133	24
乌鲁木齐	2002	16	336	16
拉　萨	166	27	41	27

资料来源：各省份 2013 年的统计年鉴。

表 2-8 2013 年北海、钦州、防城港主要经济指标与
我国 19 个主要沿海城市的比较

城 市	地区生产总值		年末常住人口	
	（亿元）	排名	（万人）	排名
唐 山	2955	6	309	4
秦皇岛	618	14	107	14
大 连	5683	3	562	2
南 通	1758	9	212	7
连云港	564	15	97	15
宁 波	3951	5	225	6
温 州	1444	11	149	12
厦 门	2815	7	191	8
青 岛	5695	2	303	5
烟 台	4198	4	171	9
威 海	1782	8	66	16
深 圳	12950	1	1051	1
珠 海	1504	10	158	11
汕 头	1413	12	527	3
湛 江	944	13	163	10
北 海	466	16	63	17
钦 州	435	17	122	13
防城港	332	18	53	19
三 亚	223	19	55	18

资料来源：各省份 2013 年的统计年鉴。

五 城市经济发展现状

（一）城市经济的核心："三基地一中心"

1. 物流基地和商贸基地建设

（1）出海出边综合交通网络。

第一，铁路。《南宁枢纽铁路专项规划》获得批复实施，将建成柳州—南宁客专（城际）铁路、南（宁）—广（州）快速铁路、云桂铁路、金南铁路、南钦铁路、南凭铁路六条高铁汇入南宁，打造城市快速铁路网。南防高铁南宁至钦州高速铁路、南宁至防城港高速铁路、钦州至北海和钦州至防城港高速铁路全线贯通并试运营，广西北部湾城市群即将进入高铁时代。钦北铁路扩

能改造、玉林至铁山港铁路、黎塘至钦州铁路复线改造等项目加快推进。

第二，公路。钦崇高速上思段建成通车，结束了十万大山不通高速公路的历史；玉林至铁山港、钦州至崇左、六景至钦州港高速公路建成通车；桂海高速公路改扩建等、龙门跨海大桥、贵（港）合（浦）高速公路、防城港至东兴高速公路等全线施工。

第三，航空。南宁机场扩建工程完成，吴圩国际机场新航站楼主体工程竣工，新建 1 条 3200 米的平行滑行道，新建 50 个机位的停机坪。南宁机场扩建项目建成后，可满足旅客吞吐量 1600 万人次、货邮吞吐量 16.4 万吨、飞机起降量 13.76 万架次。北海福成机场投入 7500 万元专项扶持资金补贴航空航线发展，航线达到 17 条，通达城市为 18 个。

（2）北部湾港。2012 年广西北部湾港港口货物吞吐量平稳增长，完成货物吞吐量 17437 万吨，比上年增长 13.7%；完成集装箱吞吐量 82.44 万标准箱，增长 11.68%。2012 年，在全国 19 个重要港口中，广西北部湾港口货物吞吐量排第 11 位，货物吞吐量增长率排第 3 位；集装箱量排第 13 位，集装箱增长率排第 6 位。广西北部湾港货物吞吐量和集装箱量在全国主要港口中的排名均处于下游水平，但是两者的增速均高于全国的平均水平，处在靠前的位置。[1] 在广西北部湾各港口中，防城港全年完成货物吞吐量 10058 万吨，突破 1 亿吨大关，昂首跨入亿吨大港行列，成为全国沿海港口第二大煤炭配送贸易集散中心。[2]

第一，防城港。2012 年，防城港全年完成货物吞吐量 10058 万吨，增长 11.5%。集装箱吞吐量完成 27.02 万标准箱，增长 2.0%。完成吞吐量前 5 位货种分别为煤炭 4302 万吨，金属矿石 2339 万吨，粮食 535 万吨，化工原料及制品 450 万吨，矿建材料 439 万吨。其中，煤炭吞吐量 4302 万吨，同比增长 1.0%。

第二，钦州港。2012 年，钦州港全年完成货物吞吐量 5622 万吨，比上年增长 19.3%，完成集装箱吞吐量 47.4 万标准箱，增长 17.9%，吞吐量、集装箱增速在沿海三市中排第一位。

---

① 邵雷鹏、黄小青：《2012 年广西北部湾经济区港口建设发展回顾和 2013 年展望》，《广西北部湾经济区开放开发报告（2013）》，社会科学文献出版社，2013。

② 数据来源：中华人民共和国交通运输部。

第三，北海港。2012 年，北海港全年货物吞吐量完成 1757 万吨，比上年增长 10.48%。其中，集装箱吞吐量完成 8.02 万标准箱，增长 13.01%（见表 2-9）；外贸货物吞吐量完成 768.55 万吨，增长 20.97%；旅客吞吐量完成 23.30 万人次，下降 22.98%。

表 2-9　2012 年广西北部湾经济区港口吞吐量情况

	单位	广西北部湾港		北海港		钦州港		防城港	
		绝对值	比上年增长（%）	绝对值	比上年增长（%）	绝对值	比上年增长（%）	绝对值	比上年增长（%）
货物吞吐量	万吨	17437	13.7	1757	10.48	5622	19.3	10058	11.5
集装箱吞吐量	万标准箱	82.44	11.68	8.02	13.01	47.4	17.9	27.02	2.0

资料来源：广西统计信息网。

（3）保税物流体系。

第一，钦州保税港区。截至 2012 年底，完成集装箱吞吐量 47.4 万标准箱，同比增长 18%。其中，内贸完成 45.3 万标准箱，同比增长 17.7%；外贸完成 2 万标准箱，同比增长 20.7%。全年内外贸易总额 301 亿元，同比增长 61.83%；外贸进出口总额 27 亿美元，同比增长 2 倍，总量跃居广西 14 个口岸中第三位，增速名列全国各保税港区的第二位；港口吞吐量达 1150 万吨，同比增长 59%；入区企业 115 家，其中 2012 年新引进企业 44 家。引进金奔腾（钦州）汽车电子技术研发中心、平板电脑产品及配件加工、冷链物流及加工等 9 个项目。保税港区进口锰矿、机电设备，出口磷酸、电子配件等业务得到较好培育。钦州保税港区二期基础设施建设加快，整车进口口岸、国际酒类交易中心投入使用并逐步完善，与中海集装箱运输股份有限公司合作的"新钦州"集装箱班轮正式起航。

第二，南宁保税物流中心。2012 年，南宁保税物流中心共办理报关单 5735 票，同比增长 55.5%；累计入库税款 4.34 亿元，同比增长 80.6%；监管货值达 5.01 亿美元，其中办理保税物流业务报关单 1794 票，同比增长 95.6%。出入园区货物总重 5693.95 吨，进出区总货值 3.53 亿美元，同比增长129%。目前，中心正在重点推进南宁综合保税区的筹建工作，南宁综合保税区总体规划、控制性详细规划已批准实施，可行性研究报告已编制完成，保税区（一期）开发1670亩的土地储备和征地工作已启动，南宁保税物流中心向南宁综合保税区转型升级的步伐不断加快。

第三，北海出口加工区。截至2012年底，北海出口加工区完成投资14.3亿元，实现产值100亿元，完成进出口总额12.4亿美元（含保税物流货值），初步形成了以电子信息产业为代表的产业集聚，成为广西和北海市发展外向型产业的重要平台、电子信息产业的重要基地和对外开放的重要窗口。2012年3月，国务院批准同意扩大广西北海出口加工区规划范围。扩大后的北海出口加工区规划面积为3.296平方公里，共分为两个区块。A区为北海出口加工区现有区域，规划面积1.454平方公里；B区位于铁山港区，规划面积为1.842平方公里。

第四，凭祥综合保税区。截至2012年底，完成口岸进出境车辆45681辆次，货值149.8亿元，进出口货物43.01万吨，以出口货物为主。出口货物主要为机电产品、化工产品、纺织产品，进口货物以电子产品及零配件居多。2012年，是保税区封关运营后由以建设为主转向以经营为主的第一年，已有31家企业入驻，50多家在申请入区。实现越南货车直通保税仓库，开展了保税进口、保税出口、工程机械出口展示等业务。保税区一期整体服务功能进一步提升，跨境合作项目务实推进。

（4）国际商贸市场。2012年，广西北部湾经济区全面落实《关于进一步加快现代物流业发展的若干规定》及相关配套措施，一批国际商贸合作市场及中心发展顺利，有力地推动了中国–东盟区域性国际商贸基地的形成和发展。南宁、北海、钦州、防城港各市积极加强与东盟共同推进产业发展合作，落实"广西与东盟共同市场建设行动计划"，充分利用"零关税"政策以及两个市场、两种资源，积极探讨"跨区域、跨国界"的合作模式，共同打造货畅其流的物流体系和高效、务实的产业平台。做好中国–东盟博览会、中国–东盟国际农产品交易中心、中国–东盟国际商贸城等一批大型专业市场和综合物流加工区的建设，探讨"跨区域、跨国界"的政府间产业合作新模式，推进石化、电子、能源、现代物流及战略性新兴产业的合作发展。

2. 加工制造基地

2012 年，广西北部湾经济区 14 个重点产业园区产值（含贸易额）3324
亿元，工业投资 676 亿元，招商引资签约项目投资额 1126 亿元，开展前期
工作项目投资额 2549 亿元，产值超亿元企业 325 家。在 14 个重点产业园
中，有 10 个产值超 100 亿元（见表 2-10）。

表 2-10　2012 年广西北部湾经济区 11 个重点产业园区发展情况

园　　区	规划面积 （平方公里）	主要产业	产值（贸易值） （亿元）
南宁－东盟经济开发区	180	食品、轻纺	127
南宁六景工业园区	65	化工、浆纸、农产品加工	123
南宁高新技术产业开发区	18	生物工程及制药、电子信息及动漫产业、汽车零部件及机电	540
南宁经济技术开发区	11	机电制造业、食品加工业、IT 信息业、生物医药业	312
北海工业园	31	电子信息、生物制药、机械制造、食品加工、新能源新材料	285
北海铁山港工业园	132	石化、冶炼	428
防城港大西南临港工业园	17.2	磷酸、钢结构及机械装备	210
防城港企沙工业园	92.68	钢铁、冶金、核电	21
钦州石化产业园	35.8	石油化工、化工新材料、无机化工、生物化工	765
钦州港综合物流加工区	18	汽车制造、装备制造、海洋工程	
中马钦州产业园	55	综合制造业、信息技术产业、现代服务业	
广西钦州保税港区	10 （一期 2.5）	整车进口；保税仓储；对外贸易，包括国际转口贸易；国际采购、分销和配送、国际中转；检测和售后服务维修；商品展示；研发、加工、制造；港口作业	301
玉林龙潭产业园	30	有色金属冶炼、再生资源加工利用	46
广西凭祥综合保税区	8.5 （一期 1.01）	以机电、电子信息、新型节能材料及环保产业为主的加工业；以仓储、运输、中转、配送为主的物流业；以国际采购、国际转口、国际贸易为主的贸易业；以商务、金融、会展等为主的配套服务业；适合综合保税区发展的其他现代产业	161

资料来源：根据各重点产业园区统计数以及《广西北部湾经济区统计月报》（2012 年 12 月）。

3. 信息交流中心

2012 年 6 月，中国－东盟区域性信息交流中心暨中国联通南宁总部基地在广西南宁五象新区开工建设，这标志着作为中国－东盟区域性信息交流中心核心项目的中国联通南宁总部基地建设进入了实质性的实施阶段。项目建成后，将大幅提升我国与东盟 10 国的语音、数据、互联网等业务通信能力和品质，显著提升中国－东盟区域性信息交流中心的国际化信息提供能力。

六　城市合作与开放

（一）合作与开放的基础不断夯实

1. 一体化和同城化

2013 年 4 月，广西壮族自治区人民政府批复同意《广西北部湾经济区同城化发展推进方案》，宣告广西北部湾城市群正式迈入一体化和同城化进程。至 2015 年，北部湾经济区内将优先实现通信、交通、产业、城镇体系、旅游服务、金融服务、教育资源、人力资源社会保障、口岸通关一体化九大领域的同城化建设。2013 年，启动交通同城化工作，年内实现六景—钦州港等 4 条高速公路建成通车、经济区内高速铁路公交化运营；2013 年 4 月，启动金融同城化各项工作；自 2013 年 7 月 1 日起，移动电话取消经济区 4 市间通话的漫游费和长途费；自 2013 年 10 月 1 日起，本地网电话（固定电话）取消经济区 4 市间通话的漫游费和长途费。2013 年，启动教育资源一体化工作。

2. 北部湾（广西）经济区规划建设管理委员会办公室

2012 年自治区北部湾办公室认真贯彻落实自治区党委、政府的部署，实施产业、交通、广西北部湾经济区优先发展战略，围绕建设"大产业、大港口、大交通、大物流、大城建、大旅游、大招商、大文化"八项工作重点，全力推进北部湾经济区开放开发。同时，加强北部湾经济区系列规划编制工作，完成了《南宁－新加坡经济走廊》《南宁－崇左经济带发展规划》《东兴（凭祥）组团－东兴发展规划》《广西北部湾经济区水资源战略研究》等经济区发展重要规划编制。

3. 广西北部湾投资集团有限公司

截至 2012 年底，集团公司资产总额 267.20 亿元，累计实现利润总额 15 亿元，开展投资项目 68 个，投资规模达 1000 亿元，已建成项目 20 个，完成投资 188 多亿元。集团公司已迅速拓展成为以交通基础设施投资建设与经营、产业园区整体开发、水务一体化投资经营、土地整体开发为主，并依托主业平台，涉入物流、贸易加工、新能源、新材料、新技术和节能环保型等产业领域，形成"4＋X"产业格局。

4. 广西北部湾国际港务集团有限公司

截至 2012 年底，集团共拥有 69 个码头泊位，其中万吨级以上泊位 53 个，实际吞吐能力超过 2 亿吨。2012 年集团实现营业收入 350 亿元，目前列中国企业 500 强第 446 位、中国服务企业 500 强第 133 位。集团专业化、大型化码头群初具规模，形成集装箱、铁矿石、有色金属矿石、硫磷、非金属矿石、煤炭、液体化工、粮食、油气、汽车滚装和旅客运输等港口生产经营和现代化综合物流服务体系。[①]

5. 广西北部湾银行股份有限公司

截至 2012 年底，实现资产总额 1200.92 亿元，各项存款余额 555.62 亿元，各项贷款余额为 316.74 亿元，累计实现拨备后利润 37.26 亿元，成功跻身中国城市商业银行千亿元俱乐部，并成为广西首家资产超千亿元的企业。2012 年，该公司荣获"全国银行业金融机构小微企业金融服务先进单位""最佳服务中小企业银行""中国服务业企业 500 强""2012 年区域性商业银行最佳网上银行功能奖""2012 中国 CFO 首选城商行"等荣誉称号。

6. 广西北部湾发展研究院

2012 年，研究院积极开展蓝皮书出版、课题研究和学术交流活动。完成《广西北部湾经济区开放开发报告（2012）》和《泛北部湾合作发展报告（2012）》两本蓝皮书出版。开展了 8 项委托课题研究，实现了对委托课题的规范化管理；承办了 2012 年度泛北部湾智库峰会、泛北部湾经济合作论坛、中国－东盟智库战略对话、两岸产业共同市场研讨会、桂台经贸文化合作论坛等学术交流活动；申报成功在研究院设立"泛北部湾合作与发展"

---

① 资料来源：广西北部湾国际港务集团有限公司网站。

八桂学者岗位。

（二）合作与开放向广度和深度迈进

广西北部湾经济区城市群，自 2006 年 3 月成立以来，先后举办或承办了一系列国际性、区域性重要展会，包括中国－东盟博览会、中国－东盟商务与投资峰会、南宁国际民歌艺术节、泛北部湾经济合作论坛、泛北部湾城市发展峰会、桂台经贸合作交流会、泛珠三角区域合作与发展论坛等。中国－东盟"两会一节"已经成为中国与东盟政治、经济、文化交流合作的重要平台，有力地推动了中国与东盟的友好关系。泛北部湾经济合作论坛已经成为促进中国－东盟经贸合作的重要机制，有力地推动了泛北部湾次区域合作，同时对城市群的开放发展起到了重要的促进作用。

第三节　发展机遇

一　全球经济增长中心正从西方转移到东方

全球经济增长中心正在从西方转移到东方，特别是转移到亚洲新兴经济体之中。金融危机以后，发达国家的需求急剧下降，全球正在发生资产重新配置的过程。亚太地区已成为当今世界经济发展最快的地区，它在世界经济中的比重不断上升，打破了两三百年来世界经济发展一向以大西洋沿岸为中心的格局。不少学者认为，21 世纪"将是太平洋世纪"，世界的未来在"亚太地区"，未来 100 年为"亚洲世纪"等论点在西方国家颇为流行。

二　世界航运中心正在向中国转移

世界经济增长中心的"东移"促使国际航运资源向亚洲地区进一步集聚，世界航运中心正在向中国转移。身为"世界工厂"和有着 13 亿人口消费市场的中国，经济持续、快速的发展，推动了中国的港口以超常规的速度迈进，中国已经形成了以渤海湾、长三角、珠三角三大港口群为依托的三大国际航运中心。从 2003 年起，中国港口综合吞吐量已连续 10 年居世界第一位。2012 年，在全球货物吞吐量排名前十大港口中，中国占据 7 席。全球第一大和第二大港均在中国，分别是宁波－舟山港和上海港；在全球货物吞吐量排名前二十大港口中，中国占据 13 席（见表 2－11）。

表 2－11　2012 年全球货物吞吐量前二十大港口排名

排名	港　口	国　别	吞吐量（亿吨）	增速（%）
1	宁波－舟山	中　国	7.44	7.2
2	上　海	中　国	7.36	2.2
3	新加坡	新加坡	5.38	1.2
4	天　津	中　国	4.76	5.5
5	鹿特丹	荷　兰	4.42	1.6
6	广　州	中　国	4.34	1.2
7	青　岛	中　国	4.02	7.2
8	大　连	中　国	3.73	10.4
9	唐　山	中　国	3.58	16.3
10	釜　山	韩　国	3.11	6.1
11	营　口	中　国	3.01	15.4
12	日　照	中　国	2.81	11.1
13	香　港	中　国	2.70	-2.6
14	秦皇岛	中　国	2.63	-5.9
15	黑德兰	澳大利亚	2.44	21.7
16	南路易斯安娜	美　国	2.41	0.5
17	光　阳	韩　国	2.32	12.7
18	深　圳	中　国	2.01	11.5
19	烟　台	中　国	1.97	-0.2
20	蔚　山	韩　国	1.85	11.4

资料来源：中国港口网（http：//www.chinaports.org）/统计数据/世界港口统计。

三　中国－东盟自由贸易区建成带来诸多机会

中国－东盟自贸区于 2010 年 1 月 1 日如期建成，中国与东盟 6 个老成员有超过 90% 的产品实行零关税，中国对东盟平均关税将降至 0.1%。东盟6 个老成员对中国的平均关税将降到 0.6%。还有 4 个新成员也将在 2015 年实现 90% 零关税的目标。另外，中国与东盟双方约有 7000 种产品享受零关税待遇。中国与东盟贸易发展前景更为广阔，同时给广西北部湾经济区城市群的发展带来了绝佳机遇。

四 中国促进城市群发展和城市化的政策出台

中国经济持续快速发展促进了城市的繁荣，目前中国已经形成了十二大城市群（见表2-12）。2012年7月，时任国务院副总理的李克强提出：城市群对区域发展具有战略引领和支撑作用，要研究制定全国城市化发展规划，在有条件的地方形成各具优势的城市群，促进大中小城市和小城镇协调发展。要注重体制机制创新，打破行政区域限制，使各类生产要素自由流动、优化配置；针对资源环境这一发展的最大瓶颈制约，推进资源节约型、环境友好型社会建设，努力走出一条"三化"协调发展、"两型"社会融合推进的科学发展之路。2013年初，由国家发改委牵头，财政部、国土资源部、住建部等十多个部委参与编制的《促进城市化健康发展规划（2011~2020年）》初稿已编制完成。未来中国的新型城镇化建设将按照"以大城市为依托，以中小城市为重点，逐步形成辐射作用大的城市群，促进大中小城市和小城镇协调发展"的要求，推动城镇化发展由速度扩张向质量提升"转型"。

表2-12 中国的十二大城市群

名　　称	城市数量（个）	包括城市
珠三角城市群	11	香港、广州、深圳、澳门、珠海、惠州、东莞、肇庆、佛山、中山、江门
长三角城市群	16	上海、南京、杭州、苏州、无锡、镇江、扬州、嘉兴、湖州、南通、泰州、常州、宁波、绍兴、台州、舟山
渤海湾城市群	15	北京、天津、唐山、秦皇岛、沧州、大连、丹东、锦州、营口、盘锦、青岛、东营、烟台、潍坊、威海
山东半岛城市群	9	济南、青岛、烟台、潍坊、淄博、东营、威海、日照
辽中南城市群	10	沈阳、大连、鞍山、抚顺、本溪、丹东、辽阳、营口、盘锦、铁岭
中原城市群	9	郑州、洛阳、开封、新乡、焦作、许昌、平顶山、漯河、济源
长江中游城市群	15	武汉、黄石、鄂州、黄冈、仙桃、潜江、孝感、咸宁、天门、随州、荆门、荆州、信阳、九江、岳阳
海峡西岸城市群	6	福州、厦门、漳州、泉州、莆田、宁德
川渝城市群	15	重庆、成都、自贡市、泸州、德阳、绵阳、遂宁、内江、乐山、南充、眉山、宜宾、广安、雅安、资阳
关中城市群	6	西安、咸阳、宝鸡、渭南、铜川、商州
长株潭城市群	3	长沙、株洲、湘潭
北部湾城市群	8	南宁、北海、钦州、防城港、湛江、茂名、海口、三亚

五 《广西北部湾经济区城镇群规划纲要》获批

2010年3月19日，住房和城乡建设部正式批复《广西北部湾经济区城镇群规划纲要》。这是继《广西北部湾经济区发展规划》之后，国家批准支持北部湾经济区加快发展的又一战略性宏观规划。广西北部湾经济区城市群的发展目标是：建设成为南中国地区具有国际影响力和竞争力的特色城镇群，科学发展示范区，我国与东盟开展区域合作的大舞台，国家经济发展新兴增长极，中国滨海生态环境友好区，西部城乡一体化协调发展示范区和文化先进的社会和谐区。城镇群总体空间格局是：构筑"南宁+沿海"发展双极、"南宁－滨海城镇发展主轴"，提升区域新功能的"玉崇发展走廊"，形成"双极、一轴、一走廊"的空间发展结构。构筑"一主、五副、多中心"的中心体系，以南宁为主中心，以北海、钦州、防城港、玉林、崇左5市为区域性副中心，以县城和重点镇为地区性中心城市（镇）。

第四节　面临挑战

一　南海局势有复杂化的趋势

南海问题的敏感性加强，广西北部湾经济区城市群面临日趋复杂的海疆环境，以面向东盟为重点的开放合作面临新的考量。菲律宾和越南在争夺南海主权方面更具挑衅性：2012年4月黄岩岛事件后，菲律宾先后"重新命名"黄岩岛和南海；越南通过了《越南海洋法》，把中国西沙群岛和南沙群岛包含在其所谓"主权和管辖范围"内。近几年，美国重返亚太的举措相当高调，推进"太平洋世纪"战略的力度不断加强：与越南和印度尼西亚建立战略合作伙伴关系，深化与菲律宾的军事关系，介入中国周边国家事务（南海问题），南海问题国际化和东盟化的趋势明显。因菲律宾刻意要将黄岩岛事件写进公报而引发争议，致使东盟外长会议有史以来首次未能发表《联合公报》。在菲、越推动下，部分东盟国家对南海问题关注度提升，推动制定"南海各方行为准则"。

二　来自国内的区域竞争

目前，我国沿海城市的发展呈现"千帆竞渡、百舸争流"之势，各种沿海试验区、经济区已实现了对所有沿海区域的全覆盖（见表 2－13），沿海区域发展竞争日趋激烈，广西北部湾经济区并没有明显的政策优势，毗邻东盟的发展优势也受到挑战：海南拟借助国际旅游岛的建设和博鳌亚洲论坛，把海南打造成中国－东盟区域合作与交流平台、中国与东亚国家加强区域经贸合作的"桥头堡"以及面向东南亚的航运枢纽、物流中心和出口加工基地；广东正在谋划出台相关战略规划，使广东成为中国与东盟合作的新高地，《2010 年广东与东盟经贸合作工作计划》正在稳步推进；湛江要争取建成广东通向东盟的"窗口"，同时力争要在北部湾城市群中"唱主角"；昆明市提出要打造区域国际化城市，力争建成东盟各国商品在中国的分销中心和集散中心，目前正在推动昆明至河内、曼谷、仰光、加尔各答 4 条经济走廊建设，争取国家支持在昆明设立中印、中越经济合作实验区。

表 2－13　我国沿海试验区、示范区、新区建设概况

性质	名称	获批时间	建设定位
试验区	山东半岛蓝色经济区	2011 年 1 月	建设具有较强国际竞争力的现代海洋产业集聚区、具有世界先进水平的海洋科技教育核心区、国家海洋经济改革开放先行区和全国重要的海洋生态文明示范区
	浙江海洋经济发展示范区	2011 年 3 月	构建大宗商品交易平台、海陆联动集疏运网络、金融和信息支撑系统"三位一体"的港航物流服务体系，突出我国在原油、矿石、煤炭、粮食等重要物资储运中的战略保障作用
	广东海洋经济综合试验区	2011 年 7 月	使广东成为我国提升海洋经济竞争力的核心区、促进海洋科技创新和成果高效转化的集聚区、加强海洋生态文明建设的示范区和推进海洋综合管理的先行区
新区	浦东新区	2005 年 6 月	建成科学发展先行区、"四个中心"（国际经济中心、国际金融中心、国际贸易中心、国际航运中心）核心区、综合改革试验区和开放和谐生态区，全面建成外向型、多功能、现代化新城区

续表

性质	名称	获批时间	建设定位
新　区	天津滨海新区	2006 年 6 月	建成中国北方对外开放的门户,高水平现代制造业和研发转化基地,北方国际航运中心和国际物流中心,成为经济繁荣、社会和谐、环境优美的宜居生态新城区
	浙江舟山群岛新区	2011 年 6 月	我国大宗商品储运中转加工交易中心、东部地区重要的海上开放门户、我国海洋海岛科学保护开发示范区、重要的现代海洋产业基地和陆海统筹发展先行区
	广东珠海市横琴新区	2011 年 8 月	带动珠三角、服务港澳、率先发展的粤港澳紧密合作示范区。经过 10～15 年的努力,横琴将建设成联通港澳的开放岛,经济繁荣的活力岛,知识密集的智能岛,以及资源节约、环境友好的生态岛
	福建平潭综合实验区	2011 年 11 月	探索两岸交流合作先行先试的示范区和海峡西岸经济区科学发展的先行区。经过 20 年的努力,建成交通便捷、配套设施先进、生态良好、生活舒适的两岸人民生态宜居岛
经济区	广西北部湾经济区	2008 年 1 月	中国－东盟开放合作的物流基地、商贸基地、加工制造基地和信息交流中心,成为带动、支撑西部大开发的战略高地和开放度高、辐射力强、经济繁荣、社会和谐、生态良好的重要国际区域经济合作区
	福建海峡西岸经济区	2009 年 5 月	两岸人民交流合作先行先试区域、新的对外开放综合通道、东部沿海地区先进制造业的重要基地、我国重要的自然和文化旅游中心
	江苏沿海经济区	2009 年 6 月	我国重要的综合交通枢纽、沿海新型工业基地、重要的土地后备资源开发和生态环境优美、人民生活富足的宜居区、我国东部地区重要的经济增长极
	辽宁沿海经济带	2009 年 7 月	国内一流的临港产业聚集带、东北亚国际航运中心和国际物流中心、改革创新的先行区、对外开放的先导区、投资兴业的首选区、和谐宜居的新城区、东北振兴的经济发展主轴线和新的经济增长带

续表

性质	名称	获批时间	建设定位
经济区	海南国际旅游岛	2010 年 1 月	中国旅游业改革创新的试验区,世界一流的海岛休闲度假旅游目的地,全国生态文明建设示范区,国际经济合作和文化交流的重要平台,南海资源开发和服务基地,国家热带现代农业基地
	河北沿海经济区	2011 年 11 月	环渤海地区新兴增长区域、京津城市功能拓展和产业转移的重要承接地、全国重要的新型工业化基地、我国开放合作的新高地、我国北方沿海生态良好的宜居区

资料来源:相关海洋经济发展试验区（示范区、新区）和沿海经济区的发展规划。

三 来自东盟各国的竞争

中国 – 东盟自由贸易区建成后,国际资本在东盟任何一国投资生产的产品都可以享受同样优惠进入中国 – 东盟市场。广西北部湾城市群在吸引外资方面面临东盟各国激烈的竞争。广西北部湾城市群在高新技术领域以及物流、金融等服务行业不具备优势。在工业领域,工业化水平不高且劳动力、土地成本比东盟一些国家要高。邻近的越南加快了改革开放步伐,2009 年 3 月,越南政府总理批准《至 2020 年北部湾沿海经济带发展规划》,提出将越南北部湾沿海地区发展成为活跃的经济区,发展钢铁、煤炭、火电、造船、机械制造等优势产业。

四 发展方式转型的压力和要素制约

我国正在转变经济发展模式,加快经济结构调整。广西北部湾经济区城市群尚处于工业化中期,但国内沿海发达地区已经基本完成工业化,当前和未来一段时期的主要任务是经济转型,发展方式的"错位",加上国内外"后金融危机时代"宏观环境的深刻转变,广西北部湾城市群经济发展处于"高不成低不行"状态,由于产业基础相对薄弱,产业配套能力较差,污染少、能耗低的产业难以引进,"三高"企业难禁止,经济转型压力巨大,同时面临环境、土地、能源、人才等方面制约,尤其是土地供需矛盾凸显。

第五节 基本结论

早在 1903 年美国总统罗斯福就说过这样一句话："地中海时代，随着美洲的发现而结束了，大西洋时代正处于开发的顶峰，势必很快就要耗尽它所控制的资源。唯有太平洋时代，注定成为三者之中最伟大的时代，仅仅初露曙光。"历史证实了罗斯福的预言。广西北部湾经济区城市群地处西太平洋地带的中段，在国家经济发展战略中占有重要的地位。近二十年来，从东亚到东南亚的"西太平洋经济带"经济增长突出，其中中国的经济奇迹为世人所瞩目。越南也是全球经济增长幅度较大的国家之一，近几年，其经济增长速度时常位居亚洲第二。广西北部湾经济区城市群正处于东亚与东南亚两个经济板块之间以及中国泛珠三角经济圈、西南经济圈的对接地带，自身的自然资源和人力资源丰富且基础设施正在得到迅速更新和完善。随着区域经济合作进程的加快，国家之间、各地区之间及城市之间的合作与协调机制一步步走向完善，广西北部湾经济区城市群的发展潜力将会在各种叠加的机遇中释放。①

全球诸多大城市的兴起，皆因其位居江河入海口，面临海洋，背靠广阔的腹地，地处水、陆、海洋运输的中枢地位。广西北部湾经济区城市群具备了经济地理区位优势，在国家经济发展和外交战略中占有重要的地位，面临良好的发展机遇。城市群的发展前景美好，未来有希望发展成有国际区域影响力的城市群。

---

① 广西社会科学院课题组：《建设广西北部湾国际区域经济合作区研究》，社会科学文献出版社，2012，第 112 页。

第三章 广西北部湾经济区城市群规模预测

● 城市规划方案应以专家缜密的分析为基础，充分考虑时间和空间的不同发展阶段，综合协调城市的自然资源、总体地形、经济状况、社会需求和精神价值。

——《雅典宪章》第 86 条

● 从模型中计算出的各种"精确"数据有时是没有多大意义的，但是这些数据反映出的发展趋势却是我们理解和展望未来时所必须关注的。

——《增长的极限》作者德内拉·梅多斯

第一节 广西北部湾经济区城市群

一 广西北部湾经济区城市化进程的模型分析和预测

城市规模是伴随着城市化进程而扩张的，要分析和预测广西北部湾经济区城市群（南宁、北海、钦州、防城港四市）的城市规模，首先应该从总体上分析和判断这四个城市所在的广西北部湾经济区的城市化进程、目前处于什么样的阶段，以及未来的趋势。本书经过数次的数据拟合及模型筛选，发现 Logistic 增长模型能够很好地模拟和预测广西北部湾经济区城市群的城市化进程。

（一）Logistic 模型的机理分析

Logistic 增长模型是从指数增长模型衍生而来的。马尔萨斯①于 1798 年提出了著名的人口指数增长模型。这个模型的基本假设是：单位时间内人口的增量与当时的人口成正比；人口的（相对）增长率是一个常数。

记 t 时刻的人口为 $N(t)$，初始时刻（$t=0$）的人口为 N_0，即 $N(0)=N_0$。单位时间内人口的增量为 $\dfrac{N(t+\Delta t)-N(t)}{\Delta t}$。

人口的相对增长率为 r，r 是单位时间内人口的增量与 $N(t)$ 之比，即：

$$r = \frac{N(t+\Delta t)-N(t)}{\Delta t}/N(t)$$

由基本假设，有：

$$\frac{N(t+\Delta t)-N(t)}{\Delta t} = rN(t)$$

当 $\Delta t \to 0$ 时，

$$\lim_{\Delta t \to 0}\frac{N(t+\Delta t)-N(t)}{\Delta t} = \lim_{\Delta t \to 0} r\, N(t)$$

为了利用微积分这一工具，将 $N(t)$ 视为连续、可微函数。由上式得微分方程：

$$\frac{dN(t)}{dt} = rN(t),\quad 简记为 \frac{dN}{dt} = rN$$

该方程的解为 $N(t)=N_0 e^{rt}$，它表明人口将按指数规律无限增长。

指数增长模型与 19 世纪以前欧洲一些地区的人口统计数据吻合得很好。一些人口增长率长期稳定不变的国家和地区用这个模型进行预测，结果也令人满意。但是，与 19 世纪以后许多国家的人口统计资料与指数增长模型比较，预测值比实际值要大得多。产生上述现象的主要原因是：自然资源、社会环境所能容纳的人口数量是有限的。随着人口的增加，有限的资源和环境不可能再为人口的增长提供充裕的条件。自然资源、社会环境条件等因素对人口继续增长的阻滞作用越来越明显，当人口增长到一定数量后，增长率就

---

① Thomas Robert Malthus（1766－1834），英国牧师、人口统计及政治经济学家。

会随着人口的继续增加而减少，许多国家人口增长的实际情况完全证实了这一点。费尔哈斯特①根据自己对人口增长的研究，修改了指数增长模型关于人口增长率是常数的假设，于 1838 年提出了著名的 Logistic 增长模型。

将增长率 r 表示为人口 N 的函数 $r(N)$。按照前面的分析 $r(N)$ 应是 N 的减函数，一个最简单的假设是，设 $r(N)$ 为 N 的线性函数：

$$r(N) = a - bN$$

这里 a 相当于 $N = 0$ 时的增长率，即 $r(0) = a$，称为固有增长率。假设自然资源和环境条件所能容纳的最大人口数量为 N_*，称为最大容纳量。当 $N = N_*$ 时，增长率为零，即 $r(N_*) = 0$。由此确定出人口增长率函数为：

$$r(N) = a(1 - \frac{N}{N_*})$$

其中，a、N_* 是根据人口统计数据或经验确定的常数，因子 $(1 - \frac{N}{N_*})$ 体现了自然资源、社会环境对人口增长的阻滞作用。在这个假设下指数增长模型修改为：

$$\frac{dN}{dt} = a(1 - \frac{N}{N_*})N \qquad 初始条件\ N(0) = N_0$$

这就是 Logistic 增长模型（也被称为阻滞增长模型或逻辑模型）。②

（二） Logistic 模型的特征分析

1. Logistic 模型的函数形式

Logistic 模型微分方程为：

$$\frac{dN}{dt} = a(1 - \frac{N}{N_*})N \ 或\ \frac{dN}{dt}/N = a(1 - \frac{N}{N_*}) \tag{1}$$

解微分方程，得到其显函数形式为：

$$N = \frac{N_*}{1 + (\frac{N_*}{N_0} - 1)e^{-at}} \tag{2}$$

---

① Pierre François Verhulst（1804 – 1849），比利时数学家。
② 姜启源、谢金星、叶俊：《数学模型》，高等教育出版社，2011，第 10 ~ 11 页。

由（1）和（2），得：

$$\frac{dN}{dt} = amN_* \frac{e^{-at}}{(1 + me^{-at})^2}$$

其中，$m = \frac{N_*}{N_0} - 1$。

令 $\frac{d^2N}{dt^2} = 0$，可以确定 $N(t) \sim t$ 曲线的拐点和 $\frac{dN}{dt} \sim t$ 曲线的极值，结果为：

$$t_i = \frac{1}{a}\log_e\left(\frac{N_*}{N_0} - 1\right) \qquad N_i = \frac{1}{2}N_* \qquad \left(\frac{dN}{dt}\right)_i = \frac{1}{4}aN_*$$

令 $\frac{d^3N}{dt^3} = 0$，可得到 $\frac{dN}{dt} \sim t$ 曲线的拐点：

$$t_c = \frac{1}{a}\log_e\left[(2 \pm \sqrt{3})\left(\frac{N_*}{N_0} - 1\right)\right] \quad N_c = \frac{N_*}{2}\left(1 \pm \frac{1}{\sqrt{3}}\right) \quad \left(\frac{dN}{dt}\right)_c = \frac{1}{6}aN_*$$

2. Logistic 增长模型的主要特征

（1）增量（$\frac{dN}{dt}$）随着存量（N）的增加先增后减，当 $N = \frac{1}{2}N_*$ 时，达到高峰，如图 3-1（a）所示。

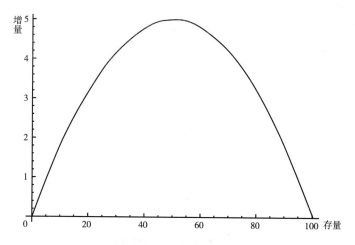

图 3-1（a） Logistic 增长模型增量与存量变化关系

注：横轴为 N，纵轴为 $\frac{dN}{dt}$。

（2）相对增长率（$\frac{dN}{dt}/N$）随着存量（N）的增加逐渐减小，如图 3 − 1（b）所示。

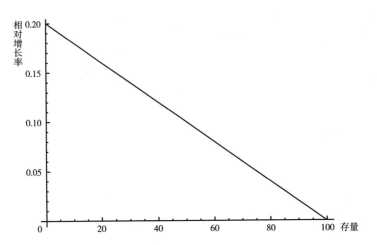

图 3 − 1（b） Logistic 增长模型相对增长率与存量变化关系

注：横轴为 N，纵轴为 $\frac{dN}{dt}/N$。

（3）存量（N）的增长过程为慢—快—慢，增长受到限制，当 $t \rightarrow \infty$，$N \rightarrow N_*$，如图 3 − 1（c）所示。

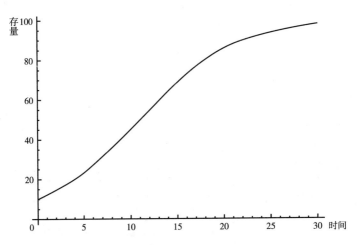

图 3 − 1（c） Logistic 增长模型存量随时间变化趋势

注：横轴为 t，纵轴为 N。

（4）增量（$\frac{dN}{dt}$）随着时间 t 先增后减，如图 3 - 1（d）所示。

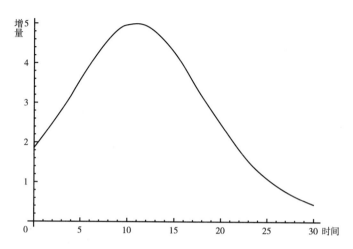

图 3 - 1（d） **Logistic 增长模型增量随时间变化趋势**

注：横轴为 t，纵轴为 $\frac{dN}{dt}$。

3. Logistic 模型的参数估计

由 $\frac{dN}{dt} = aN\left(1 - \frac{N}{N_*}\right) \Rightarrow \frac{1}{N}\frac{dN}{dt} = a\left(1 - \frac{N}{N_*}\right)$，以一年为单位（即令 $dt = 1$）将微分方程离散化，得到：

$$\frac{\Delta N}{N} = a - \frac{a}{N_*}\overline{N}$$

令 $y = \frac{\Delta N}{N}$，$x = \overline{N}$，$b = -\frac{a}{N_*}$，上式具有线性方程 $y = a + bx$ 形式。其中，

$\Delta N = N_{i+1} - N_i$，$\overline{N} = \frac{N_i + N_{i+1}}{2}(i = 0,1,2,3,\cdots,11)$ 把原始数据代入，进行线性拟合，即可解出模型的参数 a 和 b。

（三）广西北部湾经济区城市化进程模型

为了更真实客观地描述广西北部湾经济区城市化进程，本书将非农产业增加值占 GDP 比重定义为广义工业化率，因为这比单纯用工业增加值占 GDP 比重更能科学地反映城市化与工业化的互动关系。选取人口城

市化率、非农产业占比两个指标，用 Logistic 增长模型来分别模拟其变化过程和趋势；同时，用灰色关联度分析人口城市化和非农产业占比之间的关系。

1. 广西北部湾经济区城市化模型的推导

令 $U = \dfrac{N}{N_*}$，$U_0 = \dfrac{N_0}{N_*}$。

其中，U 表示存量与最大容纳量的比重；U_0 是初值，表示最初存量占最大容纳量的比重。

把 U_0、U 代入 Logistic 模型的显函数形式：

$$N = \frac{N_*}{1 + (\dfrac{N_*}{N_0} - 1) e^{-at}}$$

得到：

$$U = \frac{1}{1 + (\dfrac{1}{U_0} - 1) e^{-at}}$$

该模型的参数估计过程如下：

$$\text{由 } U = \frac{1}{1 + (\dfrac{1}{U_0} - 1) e^{-at}} \Rightarrow \frac{1}{U} - 1 = (\frac{1}{U_0} - 1) e^{-at}$$

$$\Rightarrow \ln(\frac{1}{U} - 1) = \ln(\frac{1}{U_0} - 1) - at$$

令 $y = \ln\left(\dfrac{1}{U} - 1\right)$，$b = \ln\left(\dfrac{1}{U_0} - 1\right)$，上式具有 $y = b - at$ 的线性形式。

在实际运用中，U 表示人口城市化率或非农产业占比，U_0 表示人口城市化率初值或非农产业占比初值。

2. 广西北部湾经济区城市化模型的参数估计和模型检验

分别把表 3－1 中广西北部湾城市化率、非农产业占比的原始数据代入模型，用 Matlab 软件进行线性拟合，即可解出模型的参数 a 和 b。

参数解出来后，广西北部湾经济区城市化进程具体的模型如下。

表 3 - 1　广西北部湾经济区 2000～2011 年原始数据

年份	年末常住人口（万人）	城镇人口（万人）	地区生产总值（亿元）	非农产业（亿元）	第一产业（亿元）	第二产业（亿元）	工业（亿元）	第三产业（亿元）	城市化率（%）	非农产业占比（%）
2000	840	296	598	426	173	161	126	265	35.25	71.20
2001	847	306	655	474	180	173	134	302	36.10	72.44
2002	855	316	714	528	186	192	148	336	36.95	73.93
2003	1204	455	870	646	224	252	185	393	37.80	74.20
2004	1221	472	1010	771	239	317	228	454	38.65	76.30
2005	1230	486	1205	939	266	401	311	538	39.50	77.90
2006	1255	517	1434	1140	294	517	414	623	41.22	79.48
2007	1241	542	1779	1437	341	661	542	776	43.64	80.81
2008	1299	572	2220	1800	419	847	699	953	44.00	81.08
2009	1272	582	2493	2050	443	912	724	1137	45.80	82.22
2010	1215	585	3043	2532	511	1198	955	1333	46.90	83.20
2011	1228	591	3770	3135	635	1545	1229	1590	48.13	83.16

资料来源：历年《广西统计年鉴》中的桂南沿海经济区、广西北部湾经济区、城市概况部分。其中个别缺失的数据采用比例法进行插补，个别异常数据采用移动平均法进行平滑。

人口城市化模型：

$$U_1 = \frac{1}{1 + e^{k_2} e^{k_1 t}}$$

其中，U_1 表示人口城市化率，$k_1 = -0.0504$，$k_2 = 0.6373$。

（广义）工业化模型：

$$U_2 = \frac{1}{1 + e^{r_2} e^{r_1 t}}$$

其中，U_2 表示非农产业占比，$r_1 = -0.0686$，$r_2 = -0.9037$。

人口城市化模型统计检验的结果为：

$$stats = 0.9857 \quad 687.7808 \quad 0.0000 \quad 0.0005$$

（广义）工业化模型的统计检验结果为：

$$stats = 0.9832 \quad 585.8627 \quad 0.0000 \quad 0.0011$$

$stats$ 等号后 4 个数值的统计意义依次是：相关系数 R^2、方差分析的 F

统计量、方差分析的显著性概率 p、方差的估计值。

R^2 越接近1，说明拟合度越好，回归方程越接近真实；F 越大，说明回归方程越显著，当 F 大于 F 分布表中对应的临界时，回归方程通过检验；p 定义为拒绝域的概率累计值，可理解为接受原假设且原假设为真的概率。一般 p 值越小越好，$p < alpha$ 时，拒绝原假设，回归模型成立；方差的估计值越少，说明数据的波动性越小。

一般情况下只关注 R^2，越接近1就说明线性相关程度越好。

图 3-2、图 3-3 给出了求解人口城市化模型参数 k_1、k_2，以及（广义）工业化模型参数 r_1、r_2 的线性拟合情况。从中可以看出，原始数据散点图紧密地群聚于拟合直线的周围时，说明变量间存在强相关性。

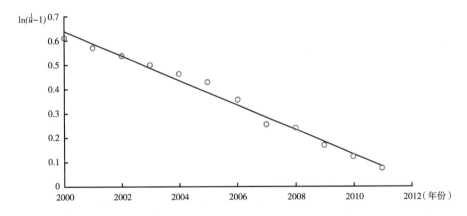

图 3-2　广西北部湾经济区人口城市化率模型参数 k_1、k_2 求解线性拟合图

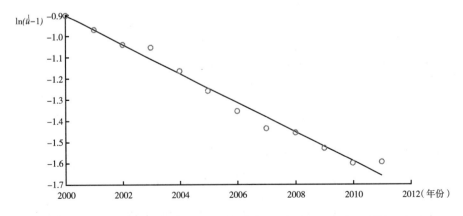

图 3-3　广西北部湾经济区非农产业占比模型参数 r_1、r_2 求解线性拟合图

　　另外，由表 3 - 2 中实际数据与预测数据的相对误差可以看出，相对误差在 1% 左右，不超过 3%，说明实际数据与预测数据拟合得很好。直观地表现在图 3 - 4、图 3 - 5 上，实际数据散点紧密集中在仿真曲线上。

表 3 - 2　广西北部湾经济区城市化模型实际值与预测值的相对误差

单位：%

年份	人口城市化率			非农产业占比		
	实际值	预测值	相对误差	实际值	预测值	相对误差
2000	35.25	34.59	1.87	71.20	71.17	0.04
2001	36.10	35.74	1.00	72.44	72.56	0.17
2002	36.95	36.90	0.14	73.93	73.90	0.04
2003	37.80	38.08	0.74	74.20	75.20	1.35
2004	38.65	39.28	1.63	76.30	76.46	0.21
2005	39.50	40.49	2.51	77.90	77.67	0.30
2006	41.22	41.71	1.19	79.48	78.84	0.81
2007	43.64	42.94	1.60	80.81	79.96	1.05
2008	44.00	44.18	0.41	81.08	81.04	0.05
2009	45.80	45.43	0.81	82.22	82.07	0.18
2010	46.90	46.68	0.47	83.20	83.06	0.17
2011	48.13	47.94	0.39	83.16	84.00	1.01

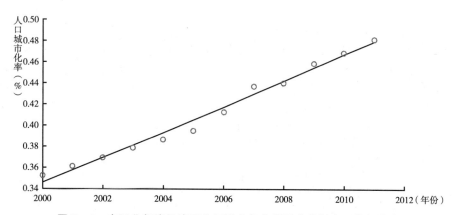

图 3 - 4　广西北部湾经济区人口城市化率模型曲线与实际数据散点

　　3. 广西北部湾经济区城市化模型的 Matlab 程序文件

　　广西北部湾经济区城市化模型通过检验，该模型的参数估计，曲线拐点计算及仿真曲线绘制的 Matlab 程序如表 3 - 3 所示，该文件在 Matlab 中保存为 M 文件形式。

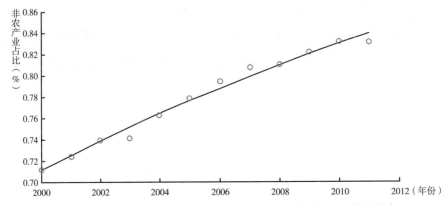

图 3 - 5　广西北部湾经济区非农产业占比模型曲线与实际数据散点

表 3 - 3　广西北部湾经济区城市化模型 **Matlab** 文件

```
load U
t0 = [2000:2011]';
t = [t0 - 2000];
[b,bint,r,rint,stats] = regress(U(:,2),[t ones(12,1)],0.05)
k1 = b(1)
k2 = b(2)
[b,bint,r,rint,stats] = regress(U(:,4),[t ones(12,1)],0.05)
r1 = b(1)
r2 = b(2)
figure(1),plot(t0,U(:,2),'o',t0,k1 * t + k2,'linewidth',1.3);
figure(2),plot(t0,U(:,4),'o',t0,r1 * t + r2,'linewidth',1.3);
tt0 = [2000:2050]';
tt = [tt0 - 2000];
u1 = 1./(1 + exp(k2) * exp(k1 * tt));
u3 = 1./(1 + exp(r2) * exp(r1 * tt));
figure(3),plot(t0,U(:,1)/100,'o',t0,u1(1:12),'linewidth',1.3);
figure(4),plot(t0,U(:,3)/100,'o',t0,u3(1:12),'linewidth',1.3);
figure(5),plot(tt0,u1,'- -',tt0,u3,'linewidth',1.5);
ui1 = [(-1/k1) * (log(2 - sqrt(3)) + k2)(1/2) * (1 - (1/sqrt(3))) - k1/6; - k2/k1 1/2 - k1/4;...
    (-1/k1) * (log(2 + sqrt(3)) + k2) (1/2) * (1 + (1/sqrt(3))) - k1/6]
ui2 = [(-1/r1) * (log(2 - sqrt(3)) + r2) (1/2) * (1 - (1/sqrt(3))) - r1/6; - r2/r1 1/2 - r1/4;...
    (-1/r1) * (log(2 + sqrt(3)) + r2) (1/2) * (1 + (1/sqrt(3))) - r1/6]
ttt0 = [1950:2050]';
ttt = [ttt0 - 2000];
uu1 = 1./(1 + exp(k2) * exp(k1 * ttt));
uu3 = 1./(1 + exp(r2) * exp(r1 * ttt));
figure(6),plot(ttt0,uu1,'- -',ttt0,uu3,'linewidth',1.5);
figure(7),plot(u1,u3,'linewidth',1.5);
figure(8),plot(uu1,uu3,'linewidth',1.5);
```

（四）Logistic 模型的运行结果分析

根据 Logistic 模型的运行结果，总结出广西北部湾经济区城市化进程分为起步期、成长期、成熟期（见表3－4、表3－5、表3－6、图3－6、图3－7）。

表3－4　2012～2030 年广西北部湾经济区城市化模型预测数据

单位：%

年　份	人口城市化率	非农产业占比
2012	49.20	84.90
2013	50.46	85.76
2014	51.72	86.58
2015	52.98	87.36
2016	54.23	88.10
2017	55.48	88.80
2018	56.72	89.46
2019	57.95	90.09
2020	59.18	90.69
2025	65.10	93.21
2030	70.59	95.08

表3－5　广西北部湾经济区人口城市化仿真曲线拐点

	时间	U_1（%）人口城市化率	$\dfrac{dU_1}{dt}$（%）人口城市化率的年增加量
$\dfrac{dU_1}{dt} \sim t$ 曲线的拐点	1986.5	21.13	0.84
$U_1 \sim t$ 曲线的拐点	2012.6	50.00	1.26
$\dfrac{dU_1}{dt} \sim t$ 曲线的拐点	2038.7	78.87	0.84

表3－6　广西北部湾经济区非农产业占比仿真曲线拐点

	时间	U_2 非农产业占比（%）	$\dfrac{dU_2}{dt}$（%）非农产业占比的年增加量
$\dfrac{dU_2}{dt} \sim t$ 曲线的拐点	1967.6	21.13	1.14
$U_2 \sim t$ 曲线的拐点	1986.8	50.00	1.72
$\dfrac{dU_2}{dt} \sim t$ 曲线的拐点	2006.0	78.87	1.14

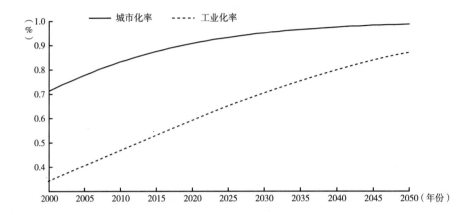

图 3 – 6　广西北部湾经济区 2000～2050 年城市化进程模拟图

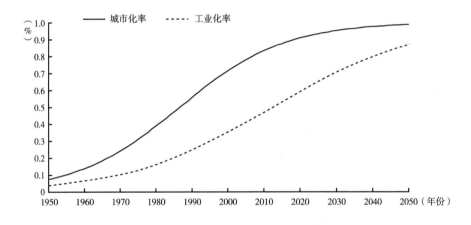

图 3 – 7　广西北部湾经济区 1950～2050 年城市化进程模拟图

注：此图更好地展示了城市化进程中"慢—快—慢"的 S 形曲线。

1. 人口城市化

（1）起步期。1986 年以前为广西北部湾经济区人口城市化的起步期，此阶段人口城市化率小于 22%，人口城市化率缓慢增加，年增加量小于 0.84 个百分点。

（2）成长期。1987～2039 年为广西北部湾经济区人口城市化的成长期，此阶段人口城市化率从 22% 增长到 79%，人口城市化率快速增加，2010～2015 年为最快速增长期，年增加量大于 1 个百分点。其中，2012～2013 年

达到最快,年增加量为 1.26 个百分点。2015 年人口城市化率达到 53%,
2020 年达到 59%。

(3) 成熟期。2040 年以后为广西北部湾经济区人口城市化的成熟期,
此阶段人口城市化率大于 79%,人口城市化率缓慢增加,年增加量小于
0.84 个百分点。

2. (广义) 工业化

(1) 起步期。1968 年以前为广西北部湾经济区 (广义) 工业化的起步
期,此阶段非农产业占比小于 22%,非农产业占比缓慢增加,年增加量小
于 1.14 个百分点。

(2) 成长期。1969~2006 年为广西北部湾经济区 (广义) 工业化的成
长期,此阶段非农产业占比从 22% 增长到 79%,非农产业占比快速增加,
1985~1990 年为最快速增长期,年增加量大于 1.5 个百分点。其中,1986~
1987 年达到最快,年增加量为 1.72 个百分点。2015 年非农产业占比达到
87%,2020 年达到 91%。

(3) 成熟期。2007 年以后为广西北部湾经济区 (广义) 工业化的成熟
期,此阶段非农产业占比大于 79%,非农产业占比缓慢增加,年增加量小
于 1.14 个百分点。

3. 人口城市化和工业化的互动关系分析

人口城市化与工业化 (非农产业占比) 存在着互动关系,即工业化推
动人口城市化,人口的城市化又促进工业化。两个变量互动关系的量化分析
最适宜的数学工具是边际分析和弹性分析。边际分析指当自变量增加 (或
减少) 1 个单位时,应变量增加 (或减少) x 个单位,这是一种绝对改变量
(增加量或减少量) 的比较分析;弹性分析指当自变量增加 (或减少) 1%
时,应变量增加 (或减少) x%,这是一种相对改变量 (即增长率) 的比较
分析。举个简单的例子,当某种商品的价格增加 1 元时,需求量减少了 5
吨,这就是边际分析;当某种商品的价格增长 1%,需求量减少了 2.5%,
这就是弹性分析。

(1) 利用简化的边际公式和弹性公式计算。若把应变量记为 y,自变
量记为 x,这两个变量的函数关系记为 $y = f(x)$,如果不要求绝对的精确,
边际和弹性最简单的公式为:

边际 = 应变量的改变量 / 自变量的改变量,即 $My = \Delta y / \Delta x$。

弹性 = 应变量的增长率 / 自变量的增长率,即 $Ey = (\Delta y / y) / (\Delta x / x)$。

当然,如果深入、细致地分析并达到高标准的精确,边际和弹性的计算涉及求函数的导数。限于篇幅,这里就不深入探讨。边际和弹性的计算结果可能是正数,也可能是负数。正数表示应变量和自变量同向变动,即自变量增加,应变量也增加;正数表示应变量和自变量反向变动,即自变量增加,应变量减少。如果弹性的绝对值大于 1,称为高弹性,或富有弹性;如果弹性的绝对值小于 1,称为低弹性,或缺乏弹性。

很显然,人口城市化和非农产业占比可以互为自变量和应变量,为了更客观、真实地反映工业化对人口城市化的推动作用,以及人口城市化对工业化的促进作用,用以上公式分别求不同的时间段,即 2000 ~ 2005 年、2005 ~ 2010 年、2010 ~ 2015 年、2015 ~ 2020 年、2020 ~ 2025 年、2025 ~ 2030 年,人口城市化对非农产业占比的边际、非农产业占比对人口城市化的边际、人口城市化对非农产业占比的弹性、非农产业占比对人口城市化的弹性(见表 3 - 7)。

表 3 - 7　广西北部湾经济区人口城市化和工业化的边际与弹性

年份	人口城市化率(%)	非农产业占比(%)	人口城市化对非农产业占比的边际	非农产业占比对人口城市化的边际	人口城市化对非农产业占比的弹性	非农产业占比对人口城市化的弹性
2000	34.59	71.17	—	—	—	—
2005	40.49	77.67	0.91	1.10	1.80	0.56
2010	46.68	83.06	1.15	0.87	2.12	0.47
2015	52.98	87.36	1.47	0.68	2.51	0.40
2020	59.18	90.69	1.86	0.54	2.96	0.34
2025	65.10	93.21	2.35	0.43	3.48	0.29
2030	70.59	95.08	2.94	0.34	4.07	0.25

资料来源:参见广西北部湾经济区城市化 Logistic 模型测算结果。

从边际分析的结果来看,广西北部湾经济区工业化对人口城市化的推动作用呈现边际效益递增规律,人口城市化对工业化的促进作用则呈现边际效益递减规律。从 2000 年到 2030 年,非农产业占比每多增加 1 个单位(即 1

个百分点），人口城市化率所增加的单位数（即百分点数）从 0.91 递增到
2.94；从 2000 年到 2030 年，人口城市化率每多增加 1 个单位（即 1 个百分
点），非农产业占比所增加的单位数（即百分点数）从 1.01 递减到 0.34。

从弹性分析的结果来看，广西北部湾经济区工业化对人口城市化的推动
作用呈现不断递增的高弹性，人口城市化对工业化的促进作用则呈现不断减
少的低弹性。从 2000 年到 2030 年，非农产业占比每增长 1%，人口城市化
率的增长从 1.80% 递增到 4.07%；从 2000 年到 2030 年，人口城市化率每
增加 1%，非农产业占比的增长从 0.56% 递减到 0.25%。

这说明城市第二、第三产业的繁荣发展对人口向城市集聚的促进作用越
来越强，而人口向城市集聚对城市第二、第三产业的发展的促进作用越来越
弱。图 3 - 8 更形象地说明了这个规律。

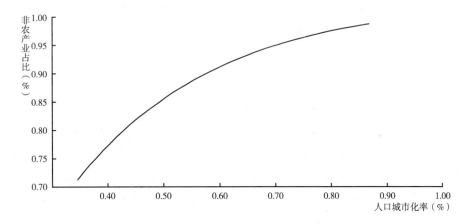

图 3 - 8 广西北部湾经济区 2000~2050 年人口城市化与非农产业占比的关系

（2）利用求函数的导数计算。本部分利用广西北部湾经济区在某个时
期的历史数据来介绍边际分析的另外一种计算和应用形式。

非农产业占比和人口城市化率的互动关系分析。2000~2011 年，广西
北部湾经济区城市群非农产业占 GDP 比重与城市化率同步平缓逐年递增，
波动较少（见图 3 - 9）。广西北部湾经济区城市群非农产业占 GDP 比重与
城市化率的回归方程如下：

$$y = 1.22x - 33.24$$

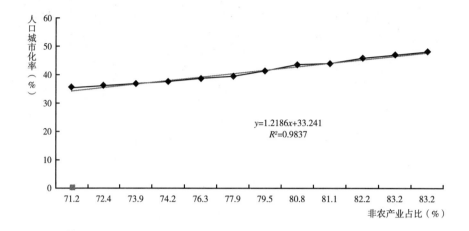

图 3 – 9　2000 ~ 2011 年广西北部湾经济区非农产业占比和人口城市化率的关系

其中，y 表示城市化率；x 表示非农产业占 GDP 比重；y 和 x 的相关系数为 0.98，表明它们高度相关。对回归方程求一阶导数：$dy/dx = 1.22$，y 对 x 的一阶导数就是 y 的边际，由于线性函数的导数为常数，所以 y 的边际恒定。可以认为，2000 ~ 2011 年，广西北部湾经济区非农产业占 GDP 比重每多增加 1 个百分点，可推动人口城市化率提高约 1.22 个百分点；反过来，广西北部湾经济区人口城市化率每多增加 1 个百分点，可推动非农产业占 GDP 比重提高约 0.82 个百分点。

非农产业产值与城镇人口的互动关系分析。2003 ~ 2011 年，广西北部湾经济区非农产业产值与城镇人口同步平缓逐年递增，波动较少（见图 3 – 10）。广西北部湾经济区城市群非农产业产值与城镇人口的回归方程如下：

$$y = 18.84x - 439.27$$

其中，y 表示城镇人口；x 表示非农产业产值；y 和 x 的相关系数为 0.95，表明它们高度相关。对回归方程求一阶导数：$dy/dx = 18.84$，一阶导数即应变量的边际。可以认为，2003 ~ 2011 年，广西北部湾经济区非农产业产值每提高 1 亿元，可支撑城镇人口增加约 19 万人；反过来，广西北部湾经济区城镇人口每增加 1 万人，可推动非农产业产值提高约 0.053 亿元。

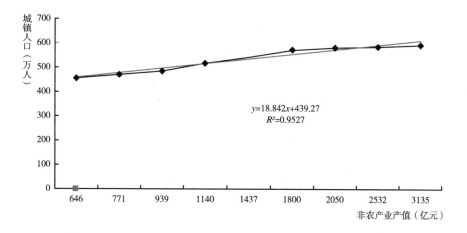

图 3 – 10　2003～2011 年广西北部湾经济区非农产业产值与城镇人口的关系

4. 人口城市化和非农产业占比的关联度分析

非农产业占比记为 $x(t)$；人口城市化记为 $y(t)$（$t = 1, 2, \cdots, n$）。

（1）求两序列在同一时刻 t 的绝对差值 $\triangle(t)$。

（2）找出最大差值 $\triangle \max$，最小差值 $\triangle \min$。

（3）按下式计算两序列的关联系数：

$$L(t) = \frac{\triangle \min + \triangle \max}{\triangle(t) + \triangle \max}$$

（4）按下式计算两序列的关联度：

$$r = \frac{\sum_{t=1}^{n} L(t)}{n}$$

灰色关联度是一个大于 0 且小于 1 的数值。关联度越接近 1，说明两个系统之间的协调程度越好。

当 $r \leqslant 0.60$ 时，视两系统处于很不协调状态。

当 $0.60 < r \leqslant 0.70$ 时，视两系统处于不协调状态。

当 $0.70 < r \leqslant 0.80$ 时，视两系统处于基本协调状态。

当 $0.80 < r \leqslant 0.90$ 时，视两系统处于中度协调状态。

当 $0.90 < r \leqslant 1$ 时，视两系统处于高度协调状态。

2000～2016 年，广西北部湾经济区城市群人口城市化和非农产业占比的灰色关联度为 0.66～0.69，处于不协调状态。但总体趋势是在稍有波动的情况下逐年递增，趋于协调，2017 年进入基本协调状态（见表 3－8）。

表 3－8 2000～2030 年广西北部湾经济区工业化与城市化的灰色关联度

年份	灰色关联系数	年份	灰色关联系数
2000	0.67	2012	0.67
2001	0.66	2013	0.68
2002	0.66	2014	0.68
2003	0.66	2015	0.69
2004	0.66	2016	0.69
2005	0.66	2017	0.70
2006	0.66	2018	0.70
2007	0.66	2019	0.71
2008	0.66	2020	0.71
2009	0.66	2025	0.75
2010	0.67	2030	0.80
2011	0.67		

二 增长率方法预测

一直以来，中国的国民经济和社会发展都由国家以五年为一个阶段进行"规划"，对应的省、区、市也有自己的五年规划，任何一个城市的发展都"服从"于国家及地方不同规划时期的宏观指导。因此，本书通过对不同规划期各指标增长率的比较，并结合未来的发展可能性和趋势，判断城市地区生产总值（GDP）、常住人口、能源消耗量、建成区面积在"十二五""十三五"时期的增长率，该方法被称为"分阶段增长率法"。

专栏 3－1 GDP 名义增长率和实际增长率

GDP 名义增长率指按现行价格计算（即不考虑价格变动因素）的增长率；GDP 实际增长率是按可比价格计算（即消除价格因素的影响）的增长率。在计算 GDP 实际增长率时，要求使用相关的价格指数对现价 GDP 进行调整，具体计算中，涉及农业、工业、建筑业、交通、通信、批发零售、宾馆住宿、居民消费、固定资产、服务业等十几个行业和专业的价格指数，通过不同的价格指数对相关行业增加值进行调整，最后汇总得到可比价GDP，然后用可比价的 GDP 计算 GDP 实际增长率。一般来说，如果价格指数上升，可比价 GDP 小于现价 GDP，实际增长率会低于名义增长率；反之，如果价格指数下降，则可比价 GDP 大于现价 GDP，实际增长率高于名义增长率。本书认为，城市经济的变化，由于 GDP 当年价和 GDP 名义增长率包含价格波动因素的影响，能更真实地反映城市经济随着时间变动的情况，所以经济规模和经济增长指标采用 GDP 当年价和 GDP 名义增长率。

（一）地区生产总值（见图 3 – 11 和表 3 – 9）

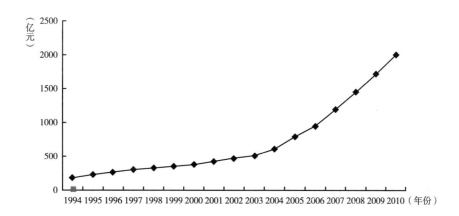

图 3 – 11　广西北部湾经济区城市群 1994 ~ 2010 年 GDP（当年价）增长曲线

表 3 – 9　广西北部湾经济区城市群各主要时期 GDP 名义增长率比较和判断

年份	规划期	GDP 名义增长（%）
1996 ~ 2010		14.5
1996 ~ 2000	"九五"	7.7
2001 ~ 2005	"十五"	13.2
2006 ~ 2010	"十一五"	16.1
2011 ~ 2015	"十二五"	16（预测）
2016 ~ 2020	"十三五"	15.5（预测）

（二）常住人口（见图 3 – 12 和表 3 – 10）

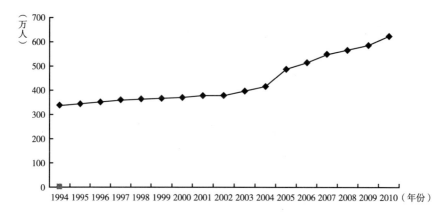

图 3 – 12　广西北部湾经济区城市群 1994～2010 年常住人口增长曲线

表 3 – 10　广西北部湾经济区城市群各主要时期常住人口增长率比较和判断

年份	规划期	增长率（%）
1996～2010		3.9
1996～2000	"九五"	1.1
2001～2005	"十五"	5.2
2006～2010	"十一五"	3.9
2011～2015	"十二五"	4（预测）
2016～2020	"十三五"	4（预测）

（三）能源消耗量（见图 3 – 13 和表 3 – 11）

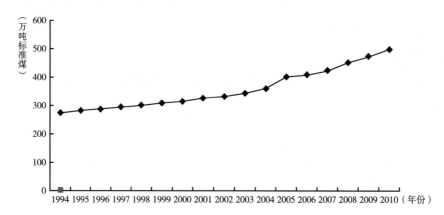

图 3 – 13　广西北部湾经济区城市群 1994～2010 年能源消耗量增长曲线

表 3 – 11　广西北部湾经济区城市群各主要时期能源消耗量增长率比较和判断

年份	规划期	增长率（%）
1996～2010		3.7
1996～2000	"九五"	1.9
2001～2005	"十五"	4.4
2006～2010	"十一五"	4.0
2011～2015	"十二五"	4.2（预测）
2016～2020	"十三五"	4（预测）

（四）建成区面积（见图 3 – 14 和表 3 – 12）

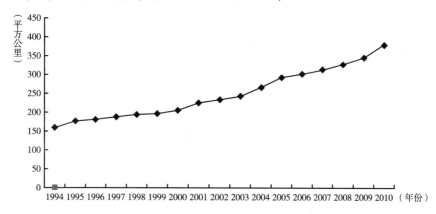

图 3 – 14　广西北部湾经济区城市群 1994～2010 年建成区面积增长曲线

表 3 – 12　广西北部湾经济区城市群各主要时期建成区面积增长率比较和判断

年份	规划期	增长率（%）
1996～2010		5.1
1996～2000	"九五"	2.5
2001～2005	"十五"	5.3
2006～2010	"十一五"	4.8
2011～2015	"十二五"	5（预测）
2016～2020	"十三五"	5（预测）

（五）增长率方法预测结果汇总（见表 3 – 13）

表 3 – 13　广西北部湾经济区城市群 2011～2020 年城市规模预测值（分阶段增长率方法）

年份	2011	2012	2013	2014	2015	2016	2017	2018	2019	2020
地区生产总值(当年价,亿元)	2326	2698	3130	3631	4212	4865	5619	6490	7496	8658
年末常住人口(万人)	649	675	702	730	759	789	821	854	888	923
能源消耗量(万吨标准煤)	518	540	562	586	611	635	660	687	714	743
建成区面积(平方公里)	400	420	441	463	486	511	536	563	591	621

三 趋势线预测法

(一) 地区生产总值 (见图 3 – 15、表 3 – 14 和表 3 – 15)

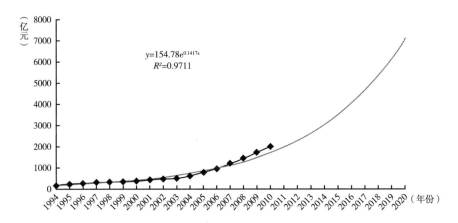

图 3 – 15　广西北部湾经济区城市群 1994～2020 年 GDP (当年价) 增长曲线

表 3 – 14　广西北部湾经济区城市群 1994～2010 年 GDP 实际值和趋势线预测值比较

年份	GDP 实际值(亿元)	GDP 预测值(亿元)	相对误差(%)
1994	183	178	2.73
1995	237	205	13.50
1996	263	237	9.89
1997	301	273	9.30
1998	334	314	5.99
1999	357	362	1.40
2000	381	417	9.45
2001	427	481	12.65
2002	472	554	17.37
2003	513	638	24.37
2004	604	736	21.85
2005	795	848	6.67
2006	952	977	2.63
2007	1191	1125	5.54
2008	1450	1297	10.55
2009	1719	1494	13.09
2010	2005	1721	14.16

表 3 – 15　广西北部湾经济区城市群 2011～2020 年 GDP 趋势线预测值

年份	2011	2012	2013	2014	2015	2016	2017	2018	2019	2020
GDP（亿元）	1983	2285	2633	3034	3496	4028	4642	5348	6162	7100

（二）年末常住人口（见图 3 – 16、表 3 – 16 和表 3 – 17）

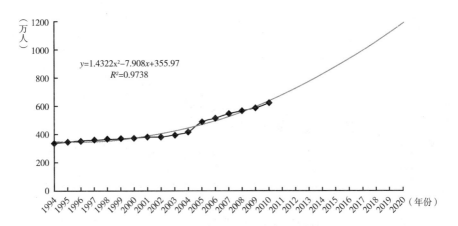

$$y=1.4322x^2-7.908x+355.97$$
$$R^2=0.9738$$

图 3 – 16　广西北部湾经济区城市群 1994～2020 年年末常住人口增长曲线

表 3 – 16　广西北部湾经济区城市群 1994～2010 年年末常住
人口实际值和趋势线预测值比较

年份	年末常住人口实际值（万人）	年末常住人口预测值（万人）	相对误差（%）
1994	337	349	3.56
1995	345	346	0.29
1996	353	345	2.27
1997	358	347	3.07
1998	363	352	3.03
1999	368	360	2.17
2000	372	371	0.27
2001	379	384	1.32
2002	380	401	5.53
2003	396	420	6.06
2004	415	442	6.51
2005	489	467	4.50
2006	516	495	4.07
2007	548	526	4.01
2008	567	560	1.23
2009	587	596	1.53
2010	624	635	1.76

表3-17　广西北部湾经济区城市群2011~2020年年末常住人口趋势线预测值

年份	2011	2012	2013	2014	2015	2016	2017	2018	2019	2020
年末常住人口(万人)	678	723	771	822	875	932	991	1053	1119	1187

（三）能源消耗量（见图3-17、表3-18、表3-19）

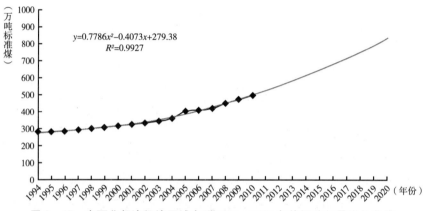

图3-17　广西北部湾经济区城市群1994~2020年能源消耗量增长曲线

表3-18　广西北部湾经济区城市群1994~2010年能源
消耗量实际值和趋势线预测值比较

年份	能源消耗量实际值 （万吨标准煤）	能源消耗量预测值 （万吨标准煤）	相对误差 （％）
1994	275	280	1.82
1995	282	282	0.00
1996	287	285	0.70
1997	293	290	1.02
1998	301	297	1.33
1999	308	305	0.97
2000	316	315	0.32
2001	325	326	0.31
2002	333	339	1.80
2003	344	353	2.62
2004	360	369	2.50
2005	403	387	3.97
2006	409	406	0.73
2007	421	426	1.19
2008	451	448	0.67
2009	472	472	0.00
2010	497	497	0.00

表3－19　广西北部湾经济区城市群2011～2020年能源消耗量趋势线预测值

年份	2011	2012	2013	2014	2015	2016	2017	2018	2019	2020
能源消耗量(万吨标准煤)	524	553	583	614	647	682	718	756	795	836

（四）建成区面积（见图3－18、表3－20和表3－21）

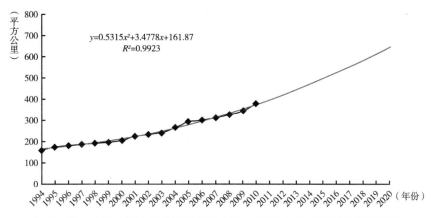

图3－18　广西北部湾经济区城市群1994～2020年建成区面积增长曲线

表3－20　广西北部湾经济区城市群1994～2010年建成区
面积实际值和趋势线预测值比较

年份	建成区面积实际值(平方公里)	建成区面积预测值(平方公里)	相对误差(%)
1994	160	166	3.75
1995	176	171	2.84
1996	182	177	2.75
1997	188	184	2.13
1998	193	193	0.00
1999	197	202	2.54
2000	206	212	2.91
2001	226	224	0.88
2002	235	236	0.43
2003	242	250	3.31
2004	267	264	1.12
2005	293	280	4.44
2006	301	297	1.33
2007	313	315	0.64
2008	328	334	1.83
2009	346	354	2.31
2010	381	375	1.57

表 3-21　广西北部湾经济区城市群 2011～2020 年建成区面积趋势线预测值

年份	2011	2012	2013	2014	2015	2016	2017	2018	2019	2020
建成区面积(平方公里)	397	420	444	469	496	523	551	581	612	643

（五）趋势线法预测汇总（见表 3-22）

表 3-22　广西北部湾经济区城市群 2011～2020 年城市规模预测值（趋势线预测法）

年份	2011	2012	2013	2014	2015	2016	2017	2018	2019	2020
GDP(亿元)	1983	2285	2633	3034	3496	4028	4642	5348	6162	7100
年末常住人口(万人)	678	723	771	822	875	932	991	1053	1119	1187
能源消耗量(万吨标准煤)	524	553	583	614	647	682	718	756	795	836
建成区面积(平方公里)	397	420	444	469	496	523	551	581	612	643

四　动力系统模型预测

（一）连续时间动态系统的数学描述：微分方程组

对城市规模（经济、人口、能源消耗、建成区面积）进行动态分析需要建立合适的城市经济－人口－能源－土地的数学模型。数学模型是对城市规模变化规律的数学描述，由于衡量城市规模的指标变化依赖于时间且相互影响，因此，城市规模是时间的变量。

有多个状态变量的系统随时间连续动态变化的数学描述就是微分方程组（由两个或两个以上的微分方程共同描述一个系统），由微分方程组建立起来的模型一般称为微分系统动力学模型或动力系统模型。目前应用较为广泛的系统动力学模型，其数学本质也是微分方程组。微分方程组最简单的形式就是一阶线性微分方程组。

含有 n 个变量 x_1，x_2，…，x_n 的一阶微分方程组如下：

$$\begin{cases} \dfrac{dx_1}{dt} = f_1(t, x_1, x_2, \cdots, x_n), \\ \dfrac{dx_2}{dt} = f_2(t, x_1, x_2, \cdots, x_n), \\ \qquad\qquad \cdots \\ \dfrac{dx_n}{dt} = f_n(t, x_1, x_2, \cdots, x_n). \end{cases}$$

或者可以简单地写为：

$$\frac{dx_i}{dt} = f_i(t, x_1(t), x_2(t), \cdots, x_n(t)), (i = 1, 2, \cdots, n)$$

对于高阶微分方程 $y^{(n)} = f(x, y, y', \cdots, y^{(n-1)})$，令 $y' = y_1, y'' = y_2, \cdots,$ $y^{(n-1)} = y_{n-1}$，则可化为一阶微分方程组：

$$\begin{cases} \dfrac{dy}{dx} = y_1, \\[2mm] \dfrac{dy_1}{dx} = y_2, \\[2mm] \cdots \\[2mm] \dfrac{dy_{n-1}}{dx} = f(x, y_1, y_2, \cdots, y_{n-1}) \end{cases}$$

（二）连续时间动态系统的计算机仿真：MATLAB/SIMULINK

自牛顿发明微积分以来，微分方程在描述事物运动规律上已经发挥了重要的作用，用微分方程描述的动态数学模型，在自然现象、社会经济、生态环境、军事技术等领域被广泛应用。理论上，微分方程（组）可通过解析法或数值解法来求解。但是，在通常情况下，很多微分方程（组）是不可以用解析法解出来的。为此，本书根据微分方程组描述的数学模型，用 Matlab 软件的工具箱 Simulink 建立相应的计算机仿真模型求微分方程组的数值解法。Matlab 是由美国 Mathworks 公司研发的主要面对科学计算、可视化以及交互式程序设计的高科技计算环境。它将数值分析、矩阵计算、科学数据可视化以及非线性动态系统的建模和仿真等诸多功能集成在一个易于使用的视窗环境中，摆脱了传统非交互式程序设计语言的编辑模式，为科学研究、工程设计、模型仿真以及数值计算等领域提供了一种全新的环境，代表了当今国际科学计算软件的最高水平。

（三）城市规模动力系统模型

城市规模动力系统是一个多变量且非线性变化的复杂系统，本书遵从由简入繁的思路，经过多次运行试验和调整，分别建立城市规模动力系统模型Ⅰ（4个状态变量）、城市规模动力系统模型Ⅱ（4个状态变量、8个控制变量）、系统模型Ⅲ（12个状态变量）的三个模型，把地区生产总值、常住人口、能源消耗量、建成区面积、固定资产投资占地区生产总值比重、社会消费品零售总额占地区生产总值比重、城镇从业人员占常住人口比重、工业用地占建成区面积比重、居住用地占建成区面积比重、工业用电占能源消耗量的比重、生活用电占能源消耗量的比重、居民人均收入占人均 GDP 比重等指标依次纳入三个系统模型中，分别进行模拟及预测。三个系统模型的分析框架如图 3 – 19 所示。

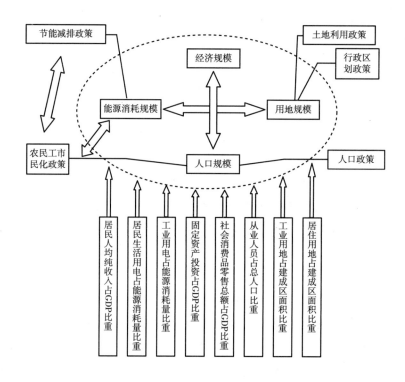

图 3 – 19　城市规模动力系统模型分析框架

1. 城市规模动力系统模型Ⅰ（见表 3 – 23）

把地区生产总值、常住人口、能源消耗量、建成区面积看成相互影响、相互作用的动力系统。

系统模型Ⅰ的微分方程组形式为：

$$\frac{dx_i}{dt} = \sum_{j=1}^{4} a_{ij}x_j + b_i(i,j = 1,2,3,4)$$

表 3 – 23　城市规模动力系统模型 I 变量

	变量符号	含义（单位）
	x_1	地区生产总值（当年价，亿元）
状态变量	x_2	年末常住人口（万人）
	x_3	能源消耗量（万吨标准煤）
	x_4	建成区面积（平方公里）

具体形式为：

$$\begin{cases} \dfrac{dx_1}{dt} = a_{11}x_1 + a_{12}x_2 + a_{13}x_3 + a_{14}x_4 + b_1 \\[2mm] \dfrac{dx_2}{dt} = a_{21}x_1 + a_{22}x_2 + a_{23}x_3 + a_{24}x_4 + b_2 \\[2mm] \dfrac{dx_3}{dt} = a_{31}x_1 + a_{32}x_2 + a_{33}x_3 + a_{34}x_4 + b_3 \\[2mm] \dfrac{dx_4}{dt} = a_{41}x_1 + a_{42}x_2 + a_{43}x_3 + a_{44}x_4 + b_4 \end{cases}$$

为了建立计算机模型的方便，把上述微分方程组的参数改为：

$$\begin{cases} \dfrac{dx_1}{dt} = k_1x_1 + k_2x_2 + k_3x_3 + k_4x_4 + k_5 \\[2mm] \dfrac{dx_2}{dt} = w_1x_1 + w_2x_2 + w_3x_3 + w_4x_4 + w_5 \\[2mm] \dfrac{dx_3}{dt} = u_1x_1 + u_2x_2 + u_3x_3 + u_4x_4 + u_5 \\[2mm] \dfrac{dx_4}{dt} = v_1x_1 + v_2x_2 + v_3x_3 + v_4x_4 + v_5 \end{cases}$$

把上述微分方程组以年为单位离散化：

$$\Delta x_{1(i)} = k_1x_{1(i-1)} + k_2x_{2(i-1)} + k_3x_{3(i-1)} + k_4x_{4(i-1)} + k_5$$
$$\Delta x_{2(i)} = w_1x_{1(i-1)} + w_2x_{2(i-1)} + w_3x_{3(i-1)} + w_4x_{4(i-1)} + w_5$$
$$\Delta x_{3(i)} = u_1x_{1(i-1)} + u_2x_{2(i-1)} + u_3x_{3(i-1)} + u_4x_{4(i-1)} + u_5$$
$$\Delta x_{4(i)} = v_1x_{1(i-1)} + v_2x_{2(i-1)} + v_3x_{3(i-1)} + v_4x_{4(i-1)} + v_5$$
$$(i = 1, 2, \cdots, 16)$$

把表 3 – 24 中 1994 ~ 2010 年 x_1、x_2、x_3、x_4 的数据（原始数据经过平滑处理后）代入，利用 Matlab 软件编程（见表 3 – 25、表 3 – 26），求出参数 k_i、w_i、u_i、v_i（$i = 1, 2, 3, 4$），并进行模型统计检验，求出模型的数值解并绘制仿真曲线。

表 3 - 24　广西北部湾经济区城市群 1994～2010 年原始数据

指标＼年份	1994	1995	1996	1997	1998	1999	2000	2001	2002
年末总人口(万人)	316.81	323.80	331.41	336.00	340.46	343.99	350.93	355.54	360.07
非农业人口	121.40	131.12	134.23	136.29	140.97	147.20	151.43	156.28	159.42
暂住人口(万人)	20.51	21.06	21.51	22.46	23.03	24.08	21.46	23.95	19.65
年末城镇单位从业人员(万人)	43.32	45.14	45.96	47.44	48.02	48.97	49.52	50.41	51.26
城镇私营和个体从业人员(万人)	20.89	20.25	21.60	24.11	21.88	20.66	27.80	25.90	42.85
行政区域土地面积(平方公里)	10495	10888	10470	7489	7489	10270	10270	10385	10385
建成区面积	159.50	175.90	181.88	187.50	193.42	197.32	205.56	225.68	234.81
居住用地面积	40.00	43.50	45.50	46.61	57.52	59.09	61.49	64.08	68.46
公共设施用地面积	22.20	23.10	23.00	24.88	27.09	27.72	28.68	29.00	33.00
工业用地面积	28.20	29.20	29.62	30.22	32.18	33.80	37.17	40.00	44.00
地区生产总值(当年价,亿元)	183.32	236.94	262.94	300.94	334.02	356.97	381.36	427.13	471.66
人均地区生产总值(元)	6438	7752	7910	9132	9673	10124	10833	11594	12710
地区生产总值增长率(%)	22.92	26.23	13.12	12.71	12.73	10.30	8.42	11.66	11.80
全年用电量(万千瓦时)	283517	400959	370682	339317	279281	293713	331927	350948	384645
工业用电	204286	315850	308694	222654	161893	166891	191125	197910	219738
居民生活用电	45783	47741	51619	56148	63567	64854	72560	79482	85514
社会消费品零售总额(亿元)	92	115	133	152	166	181	196	215	237
全社会固定资产投资总额(亿元)	59.19	68.54	72.70	81.38	72.47	81.91	114.83	125.36	146.48
城镇居民人均可支配收入(元)	4286	4764	5085	5660	6023	6226	6552	6977	7722
能源消耗量(万吨标准煤)	275.01	281.55	287.25	293.49	300.97	307.92	315.70	325.23	332.72

续表

指标 年份	2003	2004	2005	2006	2007	2008	2009	2010
年末总人口(万人)	367.85	375.81	446.78	472.96	495.78	503.61	514.21	524.46
非农业人口	166.76	172.38	187.43	192.65	197.21	202.10	205.79	209.52
暂住人口(万人)	27.91	39.62	42.22	42.56	51.92	63.10	73.19	99.28
年末城镇单位从业人员(万人)	49.44	53.87	63.34	63.74	65.17	68.65	72.81	74.05
城镇私营和个体从业人员(万人)	47.21	46.41	59.46	74.31	79.17	100.25	117.51	109.54
行政区域土地面积(平方公里)	10385	10350	15030	15562	15025	15025	14989	14986
建成区面积	242.00	267.35	292.77	301.43	313.00	327.50	346.00	381.00
居住用地面积	75.51	81.53	110.09	102.42	108.76	110.92	116.84	126.45
公共设施用地面积	33.00	46.00	52.49	55.12	58.00	56.61	57.00	70.00
工业用地面积	45.00	40.00	57.23	51.76	53.65	54.29	56.00	61.46
地区生产总值(当年价,亿元)	513.23	604.23	795.00	951.91	1191.48	1450.43	1719.28	2005.38
人均地区生产总值(元)	13423	15255	15285	18314	22465	25892	33389	40923
地区生产总值增长率(%)	12.50	14.66	14.70	18.06	18.96	19.78	18.89	18.53
全年用电量(万千瓦时)	448595	524495	718169	832135	1011122	1071032	1224765	1275038
工业用电	218427	271080	399904	479141	613732	535760	650203	617444
居民生活用电	101754	93723	131961	151057	175659	191499	250147	272174
社会消费品零售总额(亿元)	254	256	393	446	530	647	780	927
全社会固定资产投资总额(亿元)	202.68	281.27	426.58	547.80	718.81	859.50	1013.70	1878.80
城镇居民人均可支配收入(元)	8112	8432	9313	10160	12553	14740	16342	17931
能源消耗量(万吨标准煤)	343.64	360.49	403.36	409.02	421.19	450.78	471.50	497.00

资料来源：历年《广西统计年鉴》中的桂南沿海经济区、广西北部湾经济区、城市概况部分。其中个别缺失的数据采用比例法进行插补，个别异常数据采用移动平均法进行平滑。

表 3 – 25　广西北部湾经济区城市群（城市规模动力系统模型 I）MATLAB 程序

```
load XS
load DXS
[b,bint,r,rint,stats] = regress([DXS(1,:)]',[XS(1:4,:);ones(1,16)]',0.05)
k1 = b(1);
k2 = b(2);
k3 = b(3);
k4 = b(4);
k5 = b(5);
[b,bint,r,rint,stats] = regress([DXS(2,:)]',[XS(1:4,:);ones(1,16)]',0.05)
w1 = b(1);
w2 = b(2);
w3 = b(3);
w4 = b(4);
w5 = b(5);
[b,bint,r,rint,stats] = regress([DXS(3,:)]',[XS(1:4,:);ones(1,16)]',0.05)
u1 = b(1);
u2 = b(2);
u3 = b(3);
u4 = b(4);
u5 = b(5);
[b,bint,r,rint,stats] = regress([DXS(4,:)]',[XS(1:4,:);ones(1,16)]',0.05)
v1 = b(1);
v2 = b(2);
v3 = b(3);
v4 = b(4);
v5 = b(5);
a = [k1 k2 k3 k4;...
    w1 w2 w3 w4;...
    u1 u2 u3 u4;...
    v1 v2 v3 v4];
b = [k5 w5 u5 v5]';
XSalance = - inv(a) * b
t = [1995:2050];
x0 = [207 341 278 344];
[t,x] = ode45('patientfun4',t,x0,odeset('RelTol',0.1,'AbsTol',0.001),...
k1,k2,k3,k4,k5,...
w1,w2,w3,w4,w5,...
u1,u2,u3,u4,u5,...
v1,v2,v3,v4,v5);
figure(1),plot(t,x(:,1),'-','linewidth',1.5)
figure(2),plot(t,x(:,2),'-','linewidth',1.5)
figure(3),plot(t,x(:,3),'-','linewidth',1.5)
figure(4),plot(t,x(:,4),'-','linewidth',1.5)
```

表 3 - 26　求解系统模型 I 的自定义函数

```
function    dx = patientfun4 ( t , x , flag , . . .
    k1 , k2 , k3 , k4 , k5 , . . .
    w1 , w2 , w3 , w4 , w5 , . . .
    u1 , u2 , u3 , u4 , u5 , . . .
    v1 , v2 , v3 , v4 , v5 )
dx = zeros ( 4 , 1 ) ;
dx ( 1 ) = k1 * x ( 1 ) + k2 * x ( 2 ) + k3 * x ( 3 ) + k4 * x ( 4 ) + k5 ;
dx ( 2 ) = w1 * x ( 1 ) + w2 * x ( 2 ) + w3 * x ( 3 ) + w4 * x ( 4 ) + w5 ;
dx ( 3 ) = u1 * x ( 1 ) + u2 * x ( 2 ) + u3 * x ( 3 ) + u4 * x ( 4 ) + u5 ;
dx ( 4 ) = v1 * x ( 1 ) + v2 * x ( 2 ) + v3 * x ( 3 ) + v4 * x ( 4 ) + v5 ;
end
```

该模型的统计检验结果为:

$$stats = 0.9841 \quad 170.4415 \quad 0.0000 \quad 213.4441 \,(\text{GDP})$$
$$stats = 0.7445 \quad 8.0152 \quad 0.0028 \quad 72.0662 \,(\text{常住人口})$$
$$stats = 0.8009 \quad 11.0605 \quad 0.0008 \quad 15.8944 \,(\text{能源消耗量})$$
$$stats = 0.7233 \quad 7.1874 \quad 0.0043 \quad 15.0264 \,(\text{建成区面积})$$

$stats$ 等号后 4 个数值的统计意义依次是:相关系数 R^2、方差分析的 F 统计量、方差分析的显著性概率 P、方差的估计值。由于广西北部湾经济区城市规模动力系统模型 I 只是勉强通过统计检验,所以其预测效果并不很理想,运行结果见图 3 - 20、图 3 - 21、图 3 - 22、图 3 - 23、表 3 - 27、表 3 - 28。

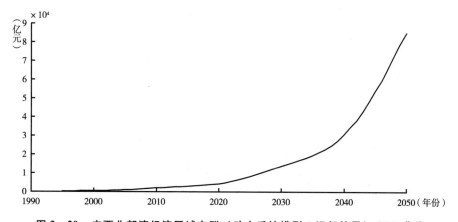

图 3 - 20　广西北部湾经济区城市群（动力系统模型 I 运行结果）GDP 曲线

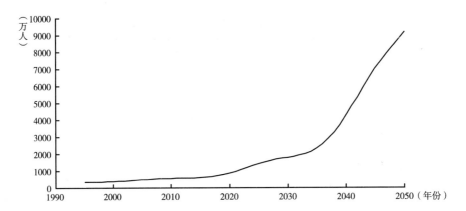

图3-21　广西北部湾经济区城市群（动力系统模型Ⅰ运行结果）常住人口曲线

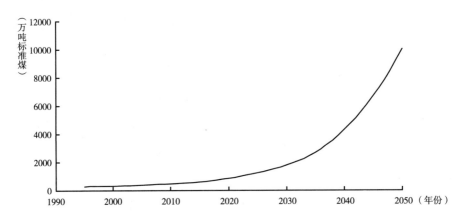

图3-22　广西北部湾经济区城市群（动力系统模型Ⅰ运行结果）能源消耗曲线

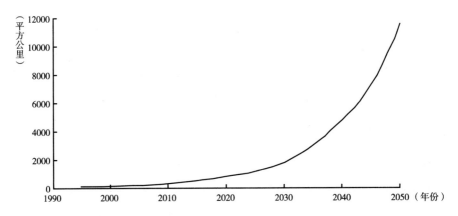

图3-23　广西北部湾经济区城市群（动力系统模型Ⅰ运行结果）建成区面积曲线

表 3 - 27 广西北部湾经济区城市群（动力系统模型 I）状态变量预测值

年份	地区生产总值 （当年价,亿元）	年末常住人口 （万人）	能源消耗量 （万吨标准煤）	建成区面积 （平方公里）
2011	2070	556	480	382
2012	2264	559	502	414
2013	2445	564	526	451
2014	2618	573	555	494
2015	2789	588	587	541
2016	2969	614	625	593
2017	3176	653	669	648
2018	3432	708	719	707
2019	3758	778	776	768
2020	4171	863	839	832
2021	4687	963	908	898
2022	5317	1073	983	967
2023	6068	1188	1063	1040
2024	6934	1302	1148	1119
2025	7901	1411	1237	1206
2026	8957	1510	1331	1303
2027	10078	1596	1429	1413
2028	11236	1668	1533	1540
2029	12396	1728	1646	1686
2030	13544	1783	1769	1854
2031	14670	1839	1905	2046
2032	15782	1906	2058	2263
2033	16902	1997	2231	2506
2034	18075	2127	2428	2773
2035	19368	2310	2653	3062
2036	20858	2556	2908	3372
2037	22618	2872	3195	3701
2038	24727	3258	3515	4050
2039	27272	3712	3869	4418
2040	30341	4222	4255	4804
2041	33951	4769	4672	5216
2042	38126	5338	5118	5657
2043	42855	5912	5593	6135
2044	48088	6472	6099	6663
2045	53731	6995	6635	7252

续表

年份	地区生产总值 （当年价，亿元）	年末常住人口 （万人）	能源消耗量 （万吨标准煤）	建成区面积 （平方公里）
2046	59674	7474	7207	7919
2047	65825	7914	7822	8675
2048	72112	8326	8488	9535
2049	78493	8737	9219	10508
2050	84956	9191	10029	11603

表 3 - 28　广西北部湾经济区城市群模型 I 主要年份总量和均量指标预测值

年份	地区生产总值（当年价，亿元）	年末常住人口（万人）	能源消耗量（万吨标准煤）	建成区面积（平方公里）	人均 GDP（元/人）	万元 GDP 能耗（吨标准煤/万元）	人口密度（人/平方公里）
2015	2789	588	587	541	47396	0.19	10877
2020	4171	863	839	832	48316	0.20	10374
2025	7901	1411	1237	1206	56002	0.15	11699
2030	13544	1783	1769	1854	75955	0.14	9617
2035	19368	2310	2653	3062	83825	0.16	7546
2040	30341	4222	4255	4804	71868	0.16	8787
2045	53731	6995	6635	7252	76812	0.13	9646
2050	84956	9191	10029	11603	92436	0.14	7921

2. 城市规模动力系统模型 II （见表 3 - 29）

表 3 - 29　城市规模动力系统模型变量 II

	变量符号	含义（单位）
状态变量 （内生变量）	x_1	地区生产总值（当年价，亿元）
	x_2	年末常住人口（万人）
	x_3	能源消耗量（万吨标准煤）
	x_4	建成区面积（平方公里）
控制变量 （外生变量）	y_1	固定资产投资占地区生产总值比重（%）
	y_2	社会消费品零售总额占地区生产总值比重（%）
	y_3	城镇从业人员占常住人口比重（%）
	y_4	工业用地占建成区面积比重（%）
	y_5	居住用地占建成区面积比重（%）

续表

	变量符号	含义（单位）
控制变量 （外生变量）	y_6	工业用电占能源消耗量的比重（%）
	y_7	生活用电占能源消耗量的比重（%）
	y_8	居民人均收入占人均 GDP 比重（%）

系统模型 II 的微分方程组形式为：

$$\begin{cases} \dfrac{dx_1}{dt} = k_1x_1 + k_2x_2 + k_3x_3 + k_4x_4 + k_5y_1 + k_6y_2 + k_7y_3 + k_8y_4 + \\ \qquad k_9y_5 + k_{10}y_6 + k_{11}y_7 + k_{12}y_8 + k_{13} \\ \dfrac{dx_2}{dt} = w_1x_1 + w_2x_2 + w_3x_3 + w_4x_4 + w_5y_1 + w_6y_2 + w_7y_3 + w_8y_4 + \\ \qquad w_9y_5 + w_{10}y_6 + w_{11}y_7 + w_{12}y_8 + w_{13} \\ \dfrac{dx_3}{dt} = u_1x_1 + u_2x_2 + u_3x_3 + u_4x_4 + u_5y_1 + u_6y_2 + u_7y_3 + u_8y_4 + u_9y_5 + \\ \qquad u_{10}y_6 + u_{11}y_7 + u_{12}y_8 + u_{13} \\ \dfrac{dx_4}{dt} = v_1x_1 + v_2x_2 + v_3x_3 + v_4x_4 + v_5y_1 + v_6y_2 + v_7y_3 + v_8y_4 + v_9y_5 + \\ \qquad v_{10}y_6 + v_{11}y_7 + v_{12}y_8 + v_{13} \end{cases}$$

把上述微分方程组以年为单位离散化，把表 3 – 24 中 1994 ～ 2010 年 x_i （$i=1$，2，3，4）和 y_i（$i=1$，2，…，8）的数据（原始数据经过平滑处理后）代入，利用 Matlab 软件，求出参数 k_i、w_i、u_i、v_i（$i=1$，2，…，12），并进行模型统计检验。

$$\begin{aligned} stats &= 1.0000 \quad 778.1300 \quad 0.0000 \quad 0.0016（GDP） \\ stats &= 0.9992 \quad 330.9058 \quad 0.0002 \quad 0.7809（常住人口） \\ stats &= 0.9989 \quad 223.3827 \quad 0.0004 \quad 0.3272（能源消耗量） \\ stats &= 1.0000 \quad 129.1000 \quad 0.0000 \quad 0.0000（建成区面积） \end{aligned}$$

$stats$ 等号后 4 个数值的统计意义依次是：相关系数 R^2、方差分析的 F 统计量、方差分析的显著性概率 P，方差的估计值。广西北部湾经济区城市规模动力系统模型 II 很好地通过了统计检验。

由于该模型是包含有外生变量的微分方程，很难用编程的方式求出其数值解，因此，改用 Matlab 软件的仿真工具箱 Simulink 构建计算机仿真模型（见图 3 – 24 至图 3 – 28），求出其数值解，并绘制仿真曲线（见表 3 – 30）。

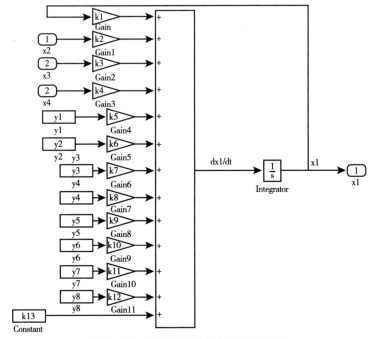

图 3 - 24 经济子系统计算机仿真模型

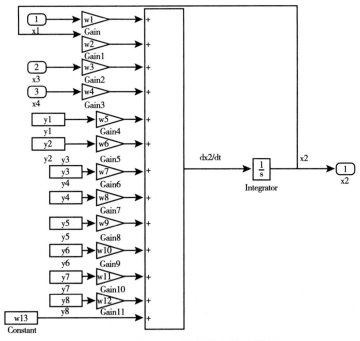

图 3 - 25 人口子系统计算机仿真模型

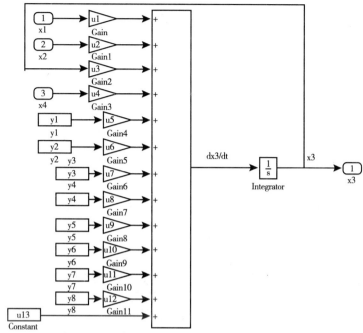

图 3 - 26　能源（消耗）子系统计算机仿真模型

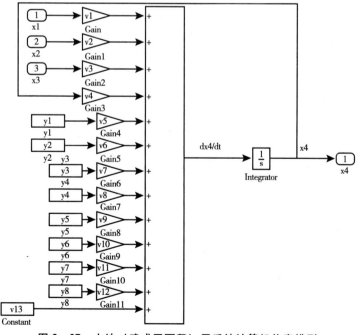

图 3 - 27　土地（建成区面积）子系统计算机仿真模型

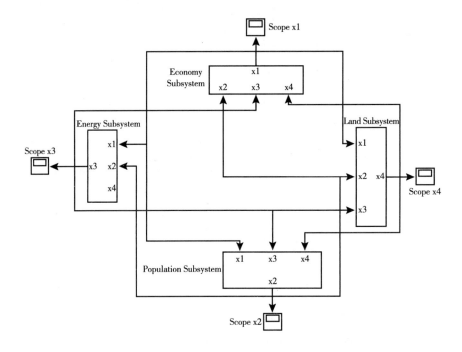

图 3 - 28 城市经济 - 人口 - 能源 - 土地动力系统计算机仿真总模型

表 3 - 30 系统模型 Ⅱ 的绘图程序

Xmodel2 = [xx1(: ,2) xx2(: ,2) xx3(: ,2) xx4(: ,2) yy1(: ,2) yy2(: ,2) yy3(: ,2) yy4(: ,2) yy5(: ,2)

yy6(: ,2) yy7(: ,2) yy8(: ,2)]

t = [1995 : 2020]′;

figure(1) ,plot(t,Xmodel2(: ,1) ,′ - ′,′linewidth′,1. 5)

figure(2) ,plot(t,Xmodel2(: ,2) ,′ - ′,′linewidth′,1. 5)

figure(3) ,plot(t,Xmodel2(: ,3) ,′ - ′,′linewidth′,1. 5)

figure(4) ,plot(t,Xmodel2(: ,4) ,′ - ′,′linewidth′,1. 5)

　　为节约篇幅，简要介绍一下系统模型 Ⅱ 总模型中主要模块的参数设定及仿真参数设定（见图 3 - 29 至图 3 - 34）。

总模型运行的各参数设定如图 3－29 所示。

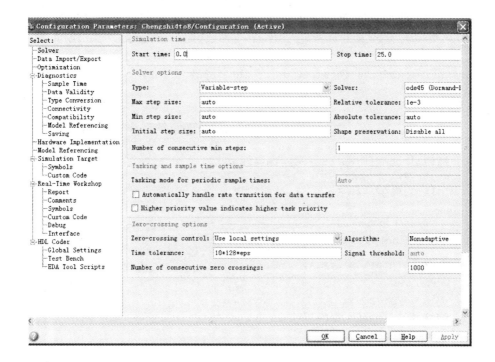

图 3－29　总模型运行参数设定

积分模块如图 3－30 所示。

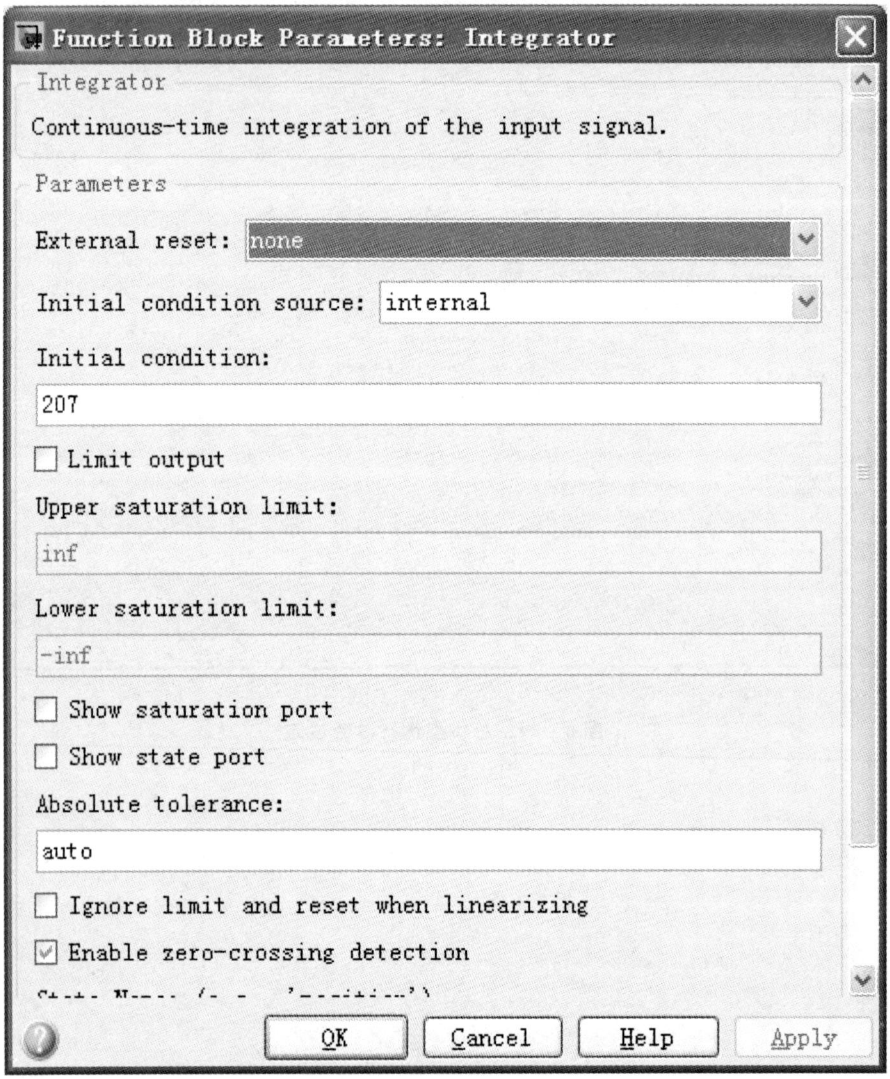

图 3－30　积分模块

控制变量模块（来源于工作空间的外生变量）如图 3 – 31 所示。

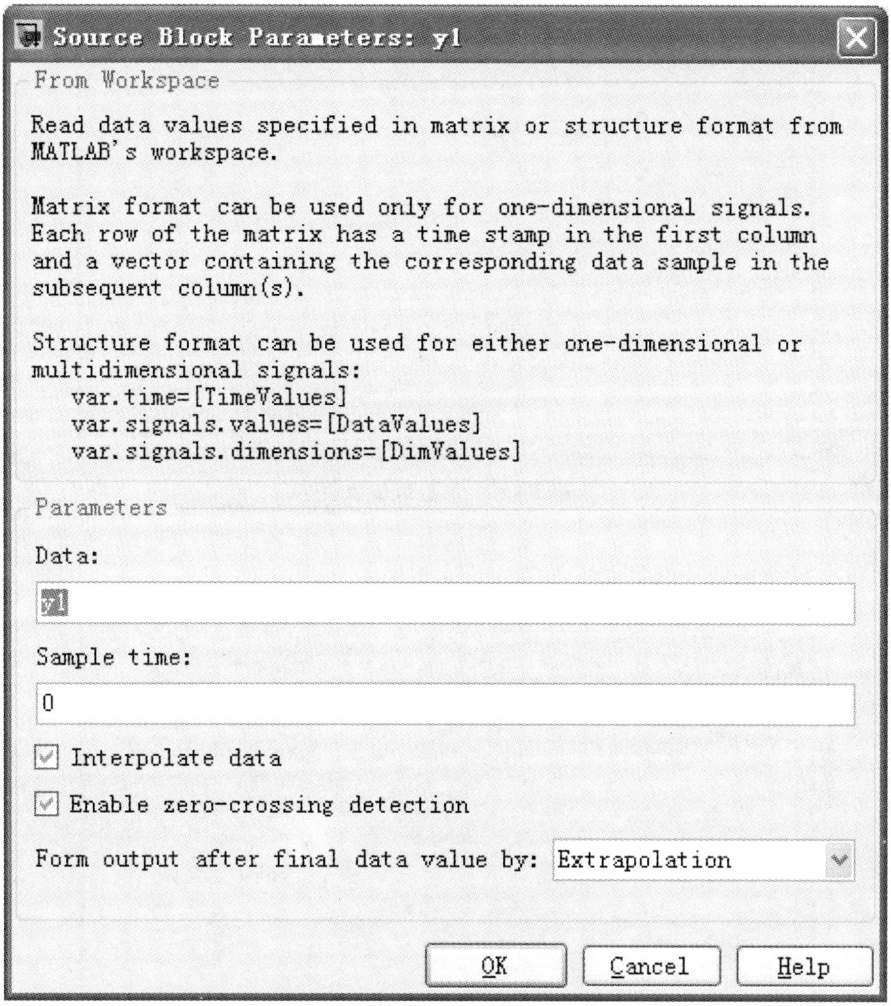

Source Block Parameters: y1

From Workspace

Read data values specified in matrix or structure format from MATLAB's workspace.

Matrix format can be used only for one-dimensional signals. Each row of the matrix has a time stamp in the first column and a vector containing the corresponding data sample in the subsequent column(s).

Structure format can be used for either one-dimensional or multidimensional signals:
```
    var.time=[TimeValues]
    var.signals.values=[DataValues]
    var.signals.dimensions=[DimValues]
```

Parameters

Data:

y1

Sample time:

0

☑ Interpolate data

☑ Enable zero-crossing detection

Form output after final data value by: Extrapolation

OK   Cancel   Help

图 3 – 31　控制变量模块

参数取值（Gain）模块如图 3 - 32 所示。

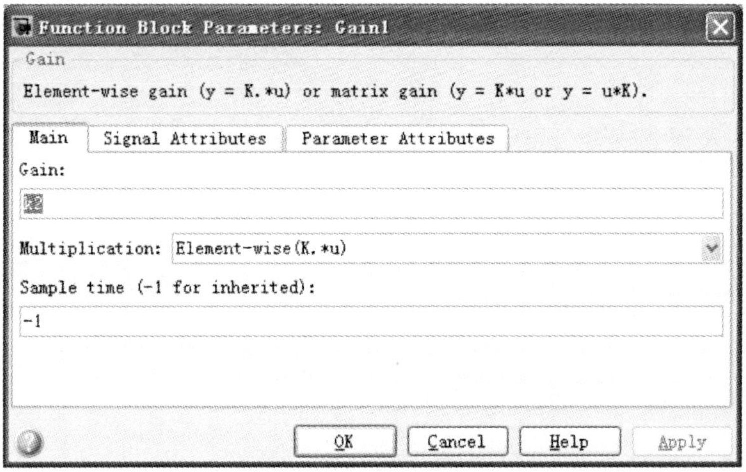

图 3 - 32　参数取值模块

示波器模块各参数设定如图 3 - 33 所示。

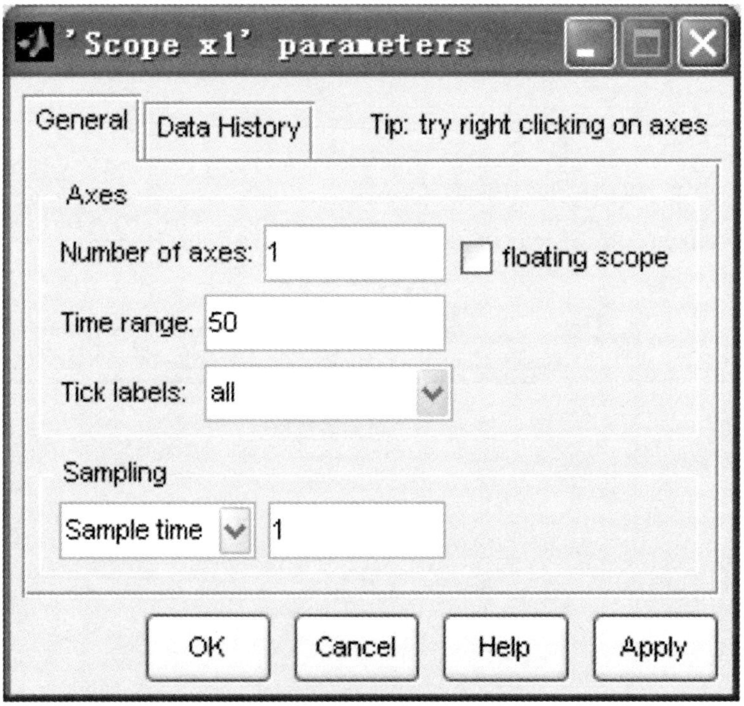

图 3 - 33　示波器模块各参数设定

示波器模块（预测数据的保存）如图 3 - 34 所示。

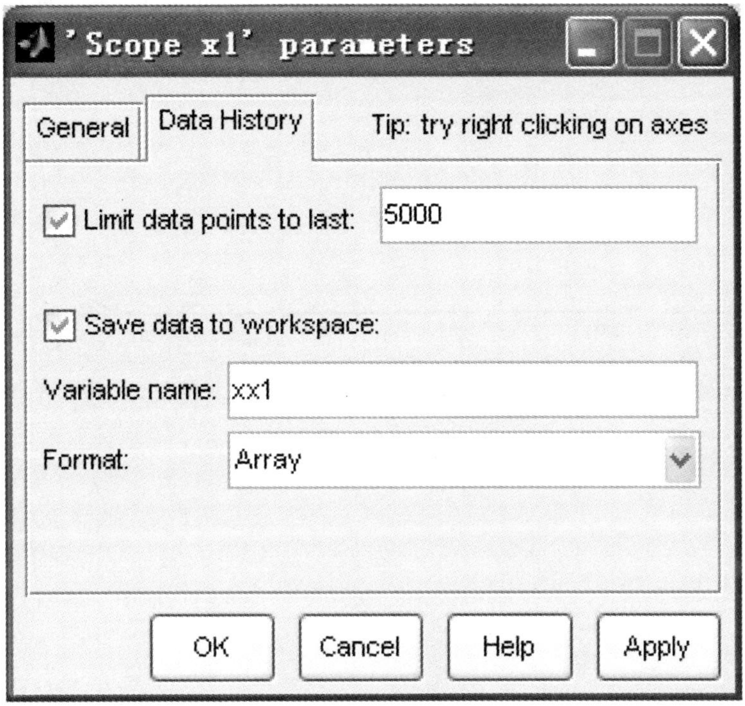

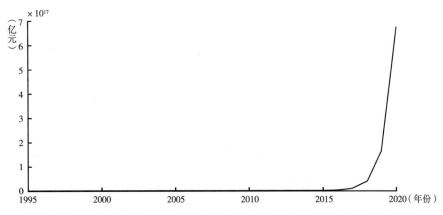

图 3 - 34 示波器模块

从仿真模型 Ⅱ 的运行结果来看，系统在 2015～2020 年出现了异常，GDP、常住人口、能源消耗和建成区面积出现了剧烈增长，曲线表现出极强的相似性（见图 3 - 35 至图 3 - 38）。

图 3 - 35 广西北部湾经济区城市群（城市规模动力系统模型 Ⅱ）GDP 曲线

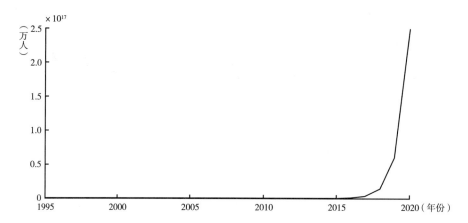

图 3 - 36 广西北部湾经济区城市群（城市规模动力系统模型 Ⅱ）常住人口曲线

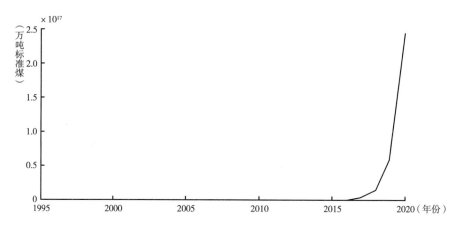

图 3 - 37 广西北部湾经济区城市群（城市规模动力系统模型 Ⅱ）能源消耗曲线

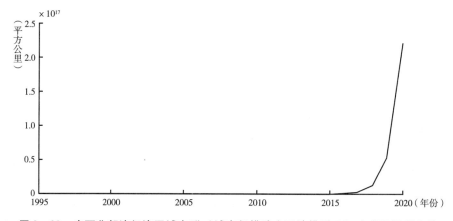

图 3 - 38 广西北部湾经济区城市群（城市规模动力系统模型 Ⅱ）建成区面积曲线

3. 城市规模动力系统模型Ⅲ（12个状态变量，见表3-31）

表3-31　城市规模动力系统模型Ⅲ的变量

	变量符号	含义（单位）
状态变量	x_1	地区生产总值（当年价，亿元）
	x_2	年末常住人口（万人）
	x_3	能源消耗量（万吨标准煤）
	x_4	建成区面积（平方公里）
	x_5	固定资产投资占地区生产总值比重（%）
	x_6	社会消费品零售总额占地区生产总值比重（%）
	x_7	城镇从业人员占常住人口比重（%）
	x_8	工业用地占建成区面积比重（%）
	x_9	居住用地占建成区面积比重（%）
	x_{10}	工业用电占能源消耗量的比重（%）
	x_{11}	生活用电占能源消耗量的比重（%）
	x_{12}	居民人均收入占人均 GDP 比重（%）

系统模型Ⅲ的微分方程组形式为：

$$\frac{dx_i}{dt} = \sum_{j=1}^{12} a_{ij}x_j + b_i (i,j = 1,2,\cdots,12)$$

这是一个12个变量、12个方程的微分方程组。

把上述微分方程组以年为单位离散化，把表3-24中1994~2010年 x_i（$i = 1, 2, \cdots, 12$）的数据（原始数据经过平滑处理后）代入，利用Matlab软件编程（见表3-32、表3-33），求出参数 a_{ij} 和 b_i（$i, j = 1, 2, \cdots, 12$），并进行模型统计检验，求出模型的数值解并绘制仿真曲线。

$stats = 1.0000 \quad 779.10000 \quad 0.0000 \quad 0.0000$（GDP）

$stats = 0.9992 \quad 330.9058 \quad 0.0002 \quad 0.7809$（年末常住人口）

$stats = 0.9989 \quad 223.3827 \quad 0.0004 \quad 0.3272$（能源消耗量）

表3-32　广西北部湾经济区城市群（城市规模动力系统模型Ⅲ）程序

```
load XS
load DXS
[b,bint,r,rint,stats] = regress([DXS(1,:)]',[XS;ones(1,16)]',0.05)
k1 = b(1);
k2 = b(2);
```

```
k3 = b(3);
k4 = b(4);
k5 = b(5);
k6 = b(6);
k7 = b(7);
k8 = b(8);
k9 = b(9);
k10 = b(10);
k11 = b(11);
k12 = b(12);
k13 = b(13);
[b,bint,r,rint,stats] = regress([DXS(2,:)]',[XS;ones(1,16)]',0.05)
w1 = b(1);
w2 = b(2);
w3 = b(3);
w4 = b(4);
w5 = b(5);
w6 = b(6);
w7 = b(7);
w8 = b(8);
w9 = b(9);
w10 = b(10);
w11 = b(11);
w12 = b(12);
w13 = b(13);
[b,bint,r,rint,stats] = regress([DXS(3,:)]',[XS;ones(1,16)]',0.05)
u1 = b(1);
u2 = b(2);
u3 = b(3);
u4 = b(4);
u5 = b(5);
u6 = b(6);
u7 = b(7);
u8 = b(8);
u9 = b(9);
u10 = b(10);
u11 = b(11);
u12 = b(12);
u13 = b(13);
[b,bint,r,rint,stats] = regress([DXS(4,:)]',[XS;ones(1,16)]',0.05)
v1 = b(1);
v2 = b(2);
v3 = b(3);
```

```
v4 = b(4);
v5 = b(5);
v6 = b(6);
v7 = b(7);
v8 = b(8);
v9 = b(9);
v10 = b(10);
v11 = b(11);
v12 = b(12);
v13 = b(13);
[b,bint,r,rint,stats] = regress([DXS(5,:)]',[XS;ones(1,16)]',0.05)
a1 = b(1);
a2 = b(2);
a3 = b(3);
a4 = b(4);
a5 = b(5);
a6 = b(6);
a7 = b(7);
a8 = b(8);
a9 = b(9);
a10 = b(10);
a11 = b(11);
a12 = b(12);
a13 = b(13);
[b,bint,r,rint,stats] = regress([DXS(6,:)]',[XS;ones(1,16)]',0.05)
b1 = b(1);
b2 = b(2);
b3 = b(3);
b4 = b(4);
b5 = b(5);
b6 = b(6);
b7 = b(7);
b8 = b(8);
b9 = b(9);
b10 = b(10);
b11 = b(11);
b12 = b(12);
b13 = b(13);
[b,bint,r,rint,stats] = regress([DXS(7,:)]',[XS;ones(1,16)]',0.05)
c1 = b(1);
c2 = b(2);
c3 = b(3);
c4 = b(4);
```

```
c5 = b(5);
c6 = b(6);
c7 = b(7);
c8 = b(8);
c9 = b(9);
c10 = b(10);
c11 = b(11);
c12 = b(12);
c13 = b(13);
[b,bint,r,rint,stats] = regress([DXS(8,:)]',[XS;ones(1,16)]',0.05)
d1 = b(1);
d2 = b(2);
d3 = b(3);
d4 = b(4);
d5 = b(5);
d6 = b(6);
d7 = b(7);
d8 = b(8);
d9 = b(9);
d10 = b(10);
d11 = b(11);
d12 = b(12);
d13 = b(13);
[b,bint,r,rint,stats] = regress([DXS(9,:)]',[XS;ones(1,16)]',0.05)
g1 = b(1);
g2 = b(2);
g3 = b(3);
g4 = b(4);
g5 = b(5);
g6 = b(6);
g7 = b(7);
g8 = b(8);
g9 = b(9);
g10 = b(10);
g11 = b(11);
g12 = b(12);
g13 = b(13);
[b,bint,r,rint,stats] = regress([DXS(10,:)]',[XS;ones(1,16)]',0.05)
h1 = b(1);
h2 = b(2);
h3 = b(3);
h4 = b(4);
h5 = b(5);
```

```
h6 = b(6);
h7 = b(7);
h8 = b(8);
h9 = b(9);
h10 = b(10);
h11 = b(11);
h12 = b(12);
h13 = b(13);
[b,bint,r,rint,stats] = regress([DXS(11,:)]',[XS;ones(1,16)]',0.05)
p1 = b(1);
p2 = b(2);
p3 = b(3);
p4 = b(4);
p5 = b(5);
p6 = b(6);
p7 = b(7);
p8 = b(8);
p9 = b(9);
p10 = b(10);
p11 = b(11);
p12 = b(12);
p13 = b(13);
[b,bint,r,rint,stats] = regress([DXS(12,:)]',[XS;ones(1,16)]',0.05)
q1 = b(1);
q2 = b(2);
q3 = b(3);
q4 = b(4);
q5 = b(5);
q6 = b(6);
q7 = b(7);
q8 = b(8);
q9 = b(9);
q10 = b(10);
q11 = b(11);
q12 = b(12);
q13 = b(13);
a = [k1 k2 k3 k4 k5 k6 k7 k8 k9 k10 k11 k12;...
    w1 w2 w3 w4 w5 w6 w7 w8 w9 w10 w11 w12;...
    u1 u2 u3 u4 u5 u6 u7 u8 u9 u10 u11 u12;...
    v1 v2 v3 v4 v5 v6 v7 v8 v9 v10 v11 v12;...
    a1 a2 a3 a4 a5 a6 a7 a8 a9 a10 a11 a12;...
    b1 b2 b3 b4 b5 b6 b7 b8 b9 b10 b11 b12;...
    c1 c2 c3 c4 c5 c6 c7 c8 c9 c10 c11 c12;...
```

```
       d1 d2 d3 d4 d5 d6 d7 d8 d9 d10 d11 d12;...
       g1 g2 g3 g4 g5 g6 g7 g8 g9 g10 g11 g12;...
       h1 h2 h3 h4 h5 h6 h7 h8 h9 h10 h11 h12;...
       p1 p2 p3 p4 p5 p6 p7 p8 p9 p10 p11 p12;...
       q1 q2 q3 q4 q5 q6 q7 q8 q9 q10 q11 q12];
   b = [k13 w13 u13 v13 a13 b13 c13 d13 g13 h13 p13 q13]';
   XSalance = - inv(a) * b
   t = [1995:2020];
   x0 = [230.04 344.99 281.34 173.30 67.24 113.63 65.64 29.06 43.13 286170.00 48221.00 4724.63];
   [t,x] = ode45('patientfunbeiyong',t,x0,odeset('RelTol',0.1,'AbsTol',0.001),...
       k1,k2,k3,k4,k5,k6,k7,k8,k9,k10,k11,k12,k13,...
       w1,w2,w3,w4,w5,w6,w7,w8,w9,w10,w11,w12,w13,...
       u1,u2,u3,u4,u5,u6,u7,u8,u9,u10,u11,u12,u13,...
       v1,v2,v3,v4,v5,v6,v7,v8,v9,v10,v11,v12,v13,...
       a1,a2,a3,a4,a5,a6,a7,a8,a9,a10,a11,a12,a13,...
       b1,b2,b3,b4,b5,b6,b7,b8,b9,b10,b11,b12,b13,...
       c1,c2,c3,c4,c5,c6,c7,c8,c9,c10,c11,c12,c13,...
       d1,d2,d3,d4,d5,d6,d7,d8,d9,d10,d11,d12,d13,...
       g1,g2,g3,g4,g5,g6,g7,g8,g9,g10,g11,g12,g13,...
       h1,h2,h3,h4,h5,h6,h7,h8,h9,h10,h11,h12,h13,...
       p1,p2,p3,p4,p5,p6,p7,p8,p9,p10,p11,p12,p13,...
       q1,q2,q3,q4,q5,q6,q7,q8,q9,q10,q11,q12,q13);
   figure(1),plot(t,x(:,1),'-','linewidth',1.5)
   figure(2),plot(t,x(:,2),'-','linewidth',1.5)
   figure(3),plot(t,x(:,3),'-','linewidth',1.5)
   figure(4),plot(t,x(:,4),'-','linewidth',1.5)
```

表 3-33　求解系统模型 III 的自定义函数

```
function   dx = patientfunbeiyong(t,x,flag,...
       k1,k2,k3,k4,k5,k6,k7,k8,k9,k10,k11,k12,k13,...
       w1,w2,w3,w4,w5,w6,w7,w8,w9,w10,w11,w12,w13,...
       u1,u2,u3,u4,u5,u6,u7,u8,u9,u10,u11,u12,u13,...
       v1,v2,v3,v4,v5,v6,v7,v8,v9,v10,v11,v12,v13,...
       a1,a2,a3,a4,a5,a6,a7,a8,a9,a10,a11,a12,a13,...
       b1,b2,b3,b4,b5,b6,b7,b8,b9,b10,b11,b12,b13,...
       c1,c2,c3,c4,c5,c6,c7,c8,c9,c10,c11,c12,c13,...
       d1,d2,d3,d4,d5,d6,d7,d8,d9,d10,d11,d12,d13,...
       g1,g2,g3,g4,g5,g6,g7,g8,g9,g10,g11,g12,g13,...
       h1,h2,h3,h4,h5,h6,h7,h8,h9,h10,h11,h12,h13,...
       p1,p2,p3,p4,p5,p6,p7,p8,p9,p10,p11,p12,p13,...
       q1,q2,q3,q4,q5,q6,q7,q8,q9,q10,q11,q12,q13)
   dx = zeros(12,1);
```

```
dx(1) = k1 * x(1) + k2 * x(2) + k3 * x(3) + k4 * x(4) + k5 * x(5) + k6 * x(6) + k7 * x(7) + k8 * x
(8) + k9 * x(9) + k10 * x(10) + k11 * x(11) + k12 * x(12) + k13;
dx(2) = w1 * x(1) + w2 * x(2) + w3 * x(3) + w4 * x(4) + w5 * x(5) + w6 * x(6) + w7 * x(7) + w8 *
x(8) + w9 * x(9) + w10 * x(10) + w11 * x(11) + w12 * x(12) + w13;
dx(3) = u1 * x(1) + u2 * x(2) + u3 * x(3) + u4 * x(4) + u5 * x(5) + u6 * x(6) + u7 * x(7) + u8 * x
(8) + u9 * x(9) + u10 * x(10) + u11 * x(11) + u12 * x(12) + u13;
dx(4) = v1 * x(1) + v2 * x(2) + v3 * x(3) + v4 * x(4) + v5 * x(5) + v6 * x(6) + v7 * x(7) + v8 * x
(8) + v9 * x(9) + v10 * x(10) + v11 * x(11) + v12 * x(12) + v13;
dx(5) = a1 * x(1) + a2 * x(2) + a3 * x(3) + a4 * x(4) + a5 * x(5) + a6 * x(6) + a7 * x(7) + a8 * x
(8) + a9 * x(9) + a10 * x(10) + a11 * x(11) + a12 * x(12) + a13;
dx(6) = b1 * x(1) + b2 * x(2) + b3 * x(3) + b4 * x(4) + b5 * x(5) + b6 * x(6) + b7 * x(7) + b8 * x
(8) + b9 * x(9) + b10 * x(10) + b11 * x(11) + b12 * x(12) + b13;
dx(7) = c1 * x(1) + c2 * x(2) + c3 * x(3) + c4 * x(4) + c5 * x(5) + c6 * x(6) + c7 * x(7) + c8 * x
(8) + c9 * x(9) + c10 * x(10) + c11 * x(11) + c12 * x(12) + c13;
dx(8) = d1 * x(1) + d2 * x(2) + d3 * x(3) + d4 * x(4) + d5 * x(5) + d6 * x(6) + d7 * x(7) + d8 * x
(8) + d9 * x(9) + d10 * x(10) + d11 * x(11) + d12 * x(12) + d13;
dx(9) = g1 * x(1) + g2 * x(2) + g3 * x(3) + g4 * x(4) + g5 * x(5) + g6 * x(6) + g7 * x(7) + g8 * x
(8) + g9 * x(9) + g10 * x(10) + g11 * x(11) + g12 * x(12) + g13;
dx(10) = h1 * x(1) + h2 * x(2) + h3 * x(3) + h4 * x(4) + h5 * x(5) + h6 * x(6) + h7 * x(7) + h8 * x
(8) + h9 * x(9) + h10 * x(10) + h11 * x(11) + h12 * x(12) + h13;
dx(11) = p1 * x(1) + p2 * x(2) + p3 * x(3) + p4 * x(4) + p5 * x(5) + p6 * x(6) + p7 * x(7) + p8 * x
(8) + p9 * x(9) + p10 * x(10) + p11 * x(11) + p12 * x(12) + p13;
dx(12) = q1 * x(1) + q2 * x(2) + q3 * x(3) + q4 * x(4) + q5 * x(5) + q6 * x(6) + q7 * x(7) + q8 * x
(8) + q9 * x(9) + q10 * x(10) + q11 * x(11) + q12 * x(12) + q13;
end
```

$stats$ = 1.0000　129.1000　　0.0000　0.0000（建成区面积）

$stats$ = 0.9978　111.6771　　0.0012　0.0000（固定资产投资占地区生产总值比重）

$stats$ = 0.9933　37.0135　　0.0063　0.0000（社会消费品零售总额占 GDP 比重）

$stats$ = 0.9903　25.4277　　0.0109　0.0000（城镇从业人员占常住人口比重）

$stats$ = 0.9832　14.6536　　0.0242　0.0000（工业用地占建成区面积比重）

$stats$ = 0.9992　313.3281　　0.0003　0.0000（居住用地占建成区面积比重）

$stats$ = 0.9972　88.7249　　0.0017　0.0000（工业用电占能源消耗量的比重）

$stats$ = 0.9949　48.9246　　0.0042　0.0000（生活用电占能源消耗量的比重）

$stats$ = 0.9937　79.2457　　0.0002　0.0000（居民人均收入占人均 GDP 比重）

　　$stats$ 等号后 4 个数值的统计意义依次是：相关系数 R^2、方差分析的 F 统计量、方差分析的显著性概率 p、方差的估计值。广西北部经济区城市规模动力系统模型 III 极好地通过了统计检验。

从仿真模型Ⅲ的运行结果来看，系统在 2015～2020 年出现了剧烈的波动，其中 GDP、能源消耗和建成区面积先剧增后直线下跌，这是系统崩溃的迹象（见图 3-39 至图 3-42）。

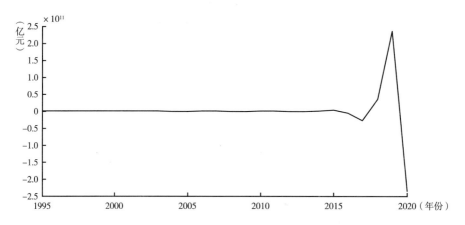

**图 3-39　广西北部湾经济区城市群（城市规模动力
系统模型Ⅲ）GDP 曲线**

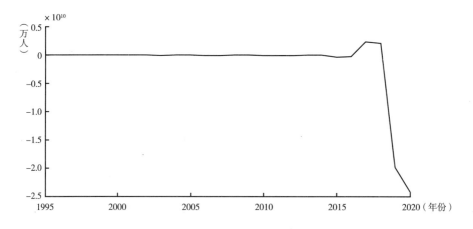

**图 3-40　广西北部湾经济区城市群（城市规模动力
系统模型Ⅲ）常住人口曲线**

第二节　南宁市

这一节分别用增长率法、趋势线预测法、城市规模动力系统模型（Ⅰ、Ⅱ、

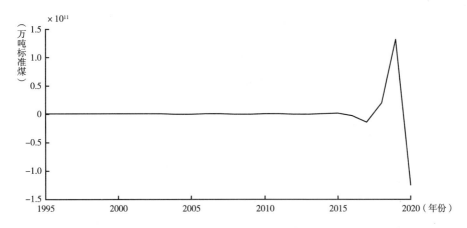

图 3 – 41 广西北部湾经济区城市群（城市规模动力系统模型Ⅲ）能源消耗曲线

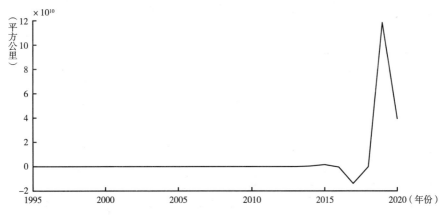

图 3 – 42 广西北部湾经济区城市群（城市规模动力系统模型Ⅲ）建成区面积曲线

Ⅲ）预测南宁市的地区生产总值（GDP）、年末常住人口、能源消耗量、建成区面积，在第四章将对这三种方法的预测结果进行汇总及比较分析。由于增长率法、趋势线预测法只适用于中短期预测，所以这两种方法的预测时限是2011~2020年；动力系统模型适用于中长期预测，所以城市规模动力系统模型（Ⅰ、Ⅱ、Ⅲ）的预测时限是2011~2050年。限于篇幅，对于所有的预测结果，本书只显示2011~2020年的预测图形；同时，南宁市城市规模动力系统模型与广西北部湾经济区城市群动力系统模型具有相同的结构，只是模型的参数不同，因为用于求参数的原始数据不一样（见表3 – 34），所以在南宁市城市规模动力系统模型的构建、模型统计检验等方面就不再重复表述。

表 3 - 34　南宁市 1994～2010 年原始数据

指标＼年份	1994 年	1995 年	1996 年	1997 年	1998 年	1999 年	2000 年	2001 年	2002 年
年末总人口(万人)	118.10	121.96	125.59	128.03	130.81	131.36	135.64	137.85	140.39
非农业人口	82.90	86.31	89.00	92.12	95.41	96.12	98.74	101.61	103.17
暂住人口(万人)	18.57	19.02	19.34	20.12	20.45	21.22	18.36	20.38	15.18
年末城镇单位从业人员(万人)	30.78	31.87	32.05	32.78	33.12	33.89	34.23	34.92	36.39
城镇私营和个体从业人员(万人)	3.20	3.33	3.82	3.15	4.13	4.64	5.60	6.47	13.99
行政区域土地面积(平方公里)	1834	1834	1834	1834	1834	1834	1834	1834	1834
建成区面积	75.30	81.40	84.80	86.62	91.12	94.00	100.00	116.00	120.00
居住用地面积	15.20	16.40	16.80	17.33	27.53	28.45	29.67	31.00	34.00
公共设施用地面积	11.00	11.30	11.70	12.56	12.75	13.12	13.78	14.00	17.00
工业用地面积	18.80	19.00	19.10	19.29	19.34	19.45	19.67	20.00	23.00
地区生产总值(当年价,亿元)	95.53	121.84	139.58	161.75	184.27	197.88	215.22	242.26	269.06
人均地区生产总值(元)	8879	10150	11277	12755	14238	15095	16121	17574	19340
地区生产总值增长率(%)	20.65	16.74	14.45	12.90	13.00	11.42	11.45	12.56	12.14
全年用电量(万千瓦时)	214564	329714	281427	255643	200961	211330	240718	254282	277773
工业用电	168144	278467	268871	180316	125270	130004	148954	153570	164248
居民生活用电	27625	29246	31824	35891	40632	43581	43180	52148	57243
社会消费品零售总额(亿元)	59	74	88	100	109	119	130	142	160
全社会固定资产投资总额(亿元)	30.79	38.99	45.78	54.41	39.95	52.26	76.45	80.46	98.46
城镇居民人均可支配收入(元)	4738	5048	5418	5931	6570	6846	7448	7906	8796
能源消耗量(万吨标准煤)	128.24	129.31	129.89	130.67	131.34	132.15	133.67	135.63	136.00

续表

年份 指标	2003	2004	2005	2006	2007	2008	2009	2010
年末总人口（万人）	145.77	150.06	220.20	242.06	259.77	263.89	267.14	270.74
非农业人口	108.97	112.68	127.73	130.81	133.47	135.54	138.73	141.84
暂住人口（万人）	23.00	33.15	34.04	32.62	39.29	47.57	53.92	74.21
年末城镇单位从业人员（万人）	34.58	38.09	47.35	47.42	48.13	49.93	53.36	54.19
城镇私营和个体从业人员（万人）	16.57	14.41	22.46	32.48	29.13	46.96	59.44	42.98
行政区域土地面积（平方公里）	1834	1799	6479	6479	6479	6479	6447	6479
建成区面积	125.00	147.50	170.00	174.50	179.00	184.50	190.00	215.00
居住用地面积	40.00	44.00	65.23	54.46	59.00	59.40	63.00	70.00
公共设施用地面积	17.00	28.00	32.10	32.93	35.00	34.61	37.00	42.00
工业用地面积	23.00	17.00	28.17	20.63	22.00	21.90	23.00	21.00
地区生产总值（当年价,亿元）	303.63	359.38	516.36	624.61	768.51	941.43	1104.28	1303.94
人均地区生产总值（元）	21221	24296	20921	24760	29866	35956	41590	48322
地区生产总值增长率（%）	12.00	15.30	13.80	17.00	17.50	15.40	16.00	14.00
全年用电量（万千瓦时）	317085	375151	502559	561969	659089	719178	792994	854042
工业用电	155727	191812	272717	310566	372725	391456	385942	392257
居民生活用电	66642	62345	95133	105014	116078	134021	171173	191656
社会消费品零售总额（亿元）	182	183	313	357	423	517	620	752
全社会固定资产投资总额（亿元）	131.26	181.32	290.02	348.12	434.13	526.18	293.61	1054.03
城镇居民人均可支配收入（元）	9162	9531	10037	10938	12597	14994	16813	18489
能源消耗量（万吨标准煤）	137.00	137.47	138.53	140.16	142.00	165.00	173.50	176.00

注：暂住人口指暂住1个月以上的人口。2005年因邕宁县撤县设区，并入南宁市，成立邕宁区，所以大部分指标2005年出现了"阶跃"。

一 增长率方法预测

(一) 地区生产总值 (见图 3-43 和表 3-35)

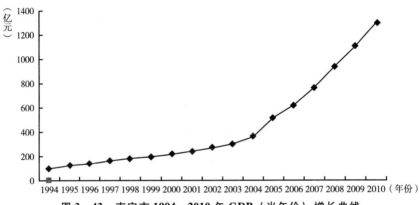

图 3-43 南宁市 1994~2010 年 GDP (当年价) 增长曲线

表 3-35 南宁市各主要时期 GDP 名义增长率比较和判断

年份	规划期	GDP 名义增长 (%)
1996~2010		16.1
1996~2000	"九五"	9.0
2001~2005	"十五"	16.3
2006~2010	"十一五"	15.9
2011~2015	"十二五"	15 (预测)
2016~2020	"十三五"	14 (预测)

(二) 常住人口 (见图 3-44 和表 3-36)

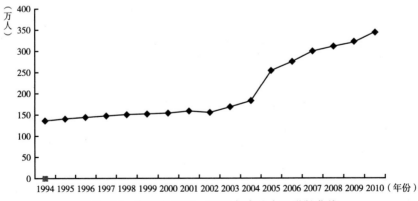

图 3-44 南宁市 1994~2010 年常住人口增长曲线

表 3 – 36　南宁市各主要时期常住人口增长率比较和判断

年份	规划期	增长率(%)
1996～2010		6.0
1996～2000	"九五"	1.2
2001～2005	"十五"	9.9
2006～2010	"十一五"	4.7
2011～2015	"十二五"	5(预测)
2016～2020	"十三五"	5.2(预测)

（三）能源消耗量（见图 3 – 45 和表 3 – 37）

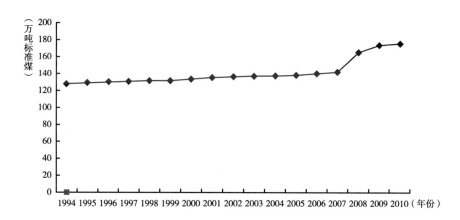

图 3 – 45　南宁市 1994～2010 年能源消耗量增长曲线

表 3 – 37　南宁市各主要时期能源消耗量增长率比较和判断

年份	规划期	增长率(%)
1996～2010		2.0
1996～2000	"九五"	0.6
2001～2005	"十五"	0.4
2006～2010	"十一五"	4.7
2011～2015	"十二五"	4(预测)
2016～2020	"十三五"	3.5(预测)

（四）建成区面积（见图 3 - 46 和表 3 - 38）

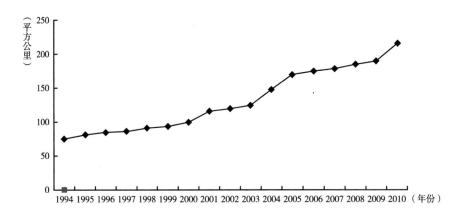

图 3 - 46　南宁市 1994 ~ 2010 年建成区面积增长曲线

表 3 - 38　南宁市各主要时期建成区面积增长率比较和判断

年份	规划期	增长率（%）
1996 ~ 2010		6.4
1996 ~ 2000	"九五"	3.4
2001 ~ 2005	"十五"	7.9
2006 ~ 2010	"十一五"	4.3
2011 ~ 2015	"十二五"	6（预测）
2016 ~ 2020	"十三五"	5（预测）

（五）增长率方法预测结果汇总（见表 3 - 39）

表 3 - 39　南宁市 2011 ~ 2020 年城市规模预测值（分阶段增长率方法）

年份	2011	2012	2013	2014	2015	2016	2017	2018	2019	2020
地区生产总值（当年价，亿元）	1500	1724	1983	2281	2623	2990	3408	3886	4430	5050
年末常住人口（万人）	362	380	399	419	440	463	487	513	539	567
能源消耗量（万吨标准煤）	183	190	198	206	214	222	229	237	246	254
建成区面积（平方公里）	228	242	256	271	288	302	317	333	350	367

二　趋势曲线方法预测

（一）地区生产总值（见图 3 – 47、表 3 – 40 和表 3 – 41）

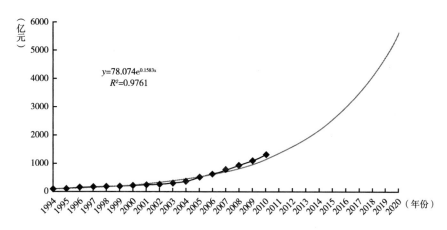

图 3 – 47　南宁市 1994 ~ 2020 年 GDP（当年价）增长曲线

表 3 – 40　1994 ~ 2010 年南宁市 GDP（当年价）实际值与趋势线预测值的相对误差

年份	GDP 实际值（亿元）	GDP 预测值（亿元）	相对误差（%）
1994	96	91	5.21
1995	122	107	12.30
1996	140	126	10.00
1997	162	147	9.26
1998	184	172	6.52
1999	198	202	2.02
2000	215	236	9.77
2001	242	277	14.46
2002	269	325	20.82
2003	304	380	25.00
2004	359	445	23.96
2005	516	522	1.16
2006	625	611	2.24
2007	769	716	6.89
2008	941	839	10.84
2009	1104	983	10.96
2010	1304	1151	11.73

表 3－41　南宁市 2011～2020 年 GDP 趋势线预测值

年份	2011	2012	2013	2014	2015	2016	2017	2018	2019	2020
GDP（亿元）	1349	1580	1851	2169	2541	2977	3487	4085	4786	5607

（二）年末常住人口（见图 3－48、表 3－42 和表 3－43）

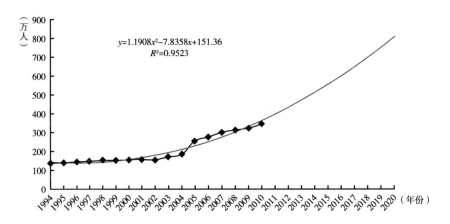

$$y=1.1908x^2-7.8358x+151.36$$
$$R^2=0.9523$$

图 3－48　南宁市 1994～2020 年年末常住人口增长曲线

表 3－42　1994～2010 年南宁市常住人口实际值与趋势线预测值的相对误差

年份	年末常住人口实际值（万人）	年末常住人口预测值（万人）	相对误差（%）
1994	137	145	5.84
1995	141	140	0.71
1996	145	139	4.14
1997	148	139	6.08
1998	151	142	5.96
1999	153	147	3.92
2000	154	155	0.65
2001	158	165	4.43
2002	156	177	13.46
2003	169	192	13.61
2004	183	209	14.21
2005	254	229	9.84
2006	275	251	8.73
2007	299	275	8.03
2008	311	302	2.89
2009	321	331	3.12
2010	345	362	4.93

表 3 - 43　南宁市 2011～2020 年年末常住人口趋势线预测值

年份	2011	2012	2013	2014	2015	2016	2017	2018	2019	2020
年末常住人口（万人）	396	432	471	512	555	601	649	700	753	808

（三）能源消耗量（见图 3 - 49、表 3 - 44 和表 3 - 45）

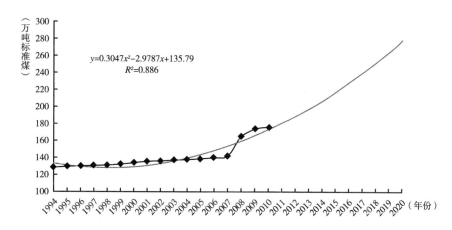

图 3 - 49　南宁市 1994～2020 年能源消耗量增长曲线

表 3 - 44　1994～2010 年南宁市能源消耗量实际值与趋势线预测值的相对误差

年份	能源消耗量实际值 （万吨标准煤）	能源消耗量预测值 （万吨标准煤）	相对误差 （%）
1994	128	133	3.91
1995	129	131	1.55
1996	130	130	0.00
1997	131	129	1.53
1998	131	129	1.53
1999	132	129	2.27
2000	134	130	2.99
2001	136	131	3.68
2002	136	134	1.47
2003	137	136	0.73
2004	137	140	2.19
2005	139	144	3.60
2006	140	149	6.43
2007	142	154	8.45
2008	165	160	3.03
2009	174	166	4.60
2010	176	173	1.70

表 3 – 45　南宁市 2011～2020 年能源消耗量趋势线预测值

年份	2011	2012	2013	2014	2015	2016	2017	2018	2019	2020
能源消耗量(万吨标准煤)	181	189	198	208	218	228	240	252	264	277

（四）建成区面积（见图 3 – 50、表 3 – 46 和表 3 – 47）

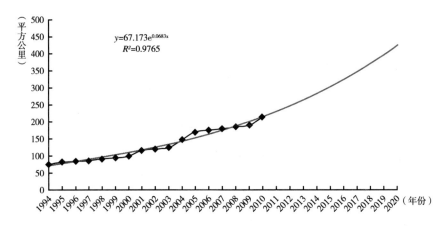

图 3 – 50　南宁市 1994～2020 年建成区面积增长曲线

表 3 – 46　1994～2010 年南宁市建成区面积实际值与趋势线预测值的相对误差

年份	建成区面积实际值(平方公里)	建成区面积预测值(平方公里)	相对误差(%)
1994	75	72	4.00
1995	81	77	4.94
1996	85	82	3.53
1997	87	88	1.15
1998	91	95	4.40
1999	94	101	7.45
2000	100	108	8.00
2001	116	116	0.00
2002	120	124	3.33
2003	125	133	6.40
2004	148	142	4.05
2005	170	152	10.59
2006	175	163	6.86

续表

年份	建成区面积实际值(平方公里)	建成区面积预测值(平方公里)	相对误差(%)
2007	179	175	2.23
2008	185	187	1.08
2009	190	200	5.26
2010	215	215	0.00

表 3-47　南宁市 2011~2020 年建成区面积趋势线预测值

年份	2011	2012	2013	2014	2015	2016	2017	2018	2019	2020
建成区面积(平方公里)	230	246	263	282	302	323	346	370	397	425

（五）趋势线预测结果汇总（见表 3-48）

表 3-48　南宁市 2011~2020 年城市规模预测值汇总（趋势线预测法）

年份	2011	2012	2013	2014	2015	2016	2017	2018	2019	2020
GDP(亿元)	1349	1580	1851	2169	2541	2977	3487	4085	4786	5607
年末常住人口(万人)	396	432	471	512	555	601	649	700	753	808
能源消耗量(万吨标准煤)	181	189	198	208	218	228	240	252	264	277
建成区面积(平方公里)	230	246	263	282	302	323	346	370	397	425

三　动力系统模型预测

（一）城市规模动力系统模型 I （见表 3-49）

表 3-49　南宁市（城市规模动力系统模型 I）Matlab 程序

```
load XN
load DXN
[b,bint,r,rint,stats] = regress([DXN(1,:)]',[XN(1:4,:);ones(1,16)]',0.05)
k1 = b(1);
k2 = b(2);
k3 = b(3);
```

续表

```
k4 = b(4);
k5 = b(5);
[b,bint,r,rint,stats] = regress([DXN(2,:)]',[XN(1:4,:);ones(1,16)]',0.05)
w1 = b(1);
w2 = b(2);
w3 = b(3);
w4 = b(4);
w5 = b(5);
[b,bint,r,rint,stats] = regress([DXN(3,:)]',[XN(1:4,:);ones(1,16)]',0.05)
u1 = b(1);
u2 = b(2);
u3 = b(3);
u4 = b(4);
u5 = b(5);
[b,bint,r,rint,stats] = regress([DXN(4,:)]',[XN(1:4,:);ones(1,16)]',0.05)
v1 = b(1);
v2 = b(2);
v3 = b(3);
v4 = b(4);
v5 = b(5);
a = [k1 k2 k3 k4;...
    w1 w2 w3 w4;...
    u1 u2 u3 u4;...
    v1 v2 v3 v4];
b = [k5 w5 u5 v5]';
XNalance = -inv(a)*b
t = [1995:2020];
x0 = [108 139 129 78];
[t,x] = ode45('patientfun4',t,x0,odeset('RelTol',0.1,'AbsTol',0.001),...
k1,k2,k3,k4,k5,...
w1,w2,w3,w4,w5,...
u1,u2,u3,u4,u5,...
v1,v2,v3,v4,v5);
figure(1),plot(t,x(:,1),'-','linewidth',1.5)
figure(2),plot(t,x(:,2),'-','linewidth',1.5)
figure(3),plot(t,x(:,3),'-','linewidth',1.5)
figure(4),plot(t,x(:,4),'-','linewidth',1.5)
```

该模型的统计检验结果为：

$stats$ = 0.9811   142.8387   0.0000   111.5952(GDP)

$stats$ = 0.7323   7.5240   0.0036   62.6567(常住人口)

$stats = 0.7745 \quad 9.4461 \quad\quad 0.0015 \quad 5.1598(能源消耗量)$

$stats = 0.6926 \quad 6.1953 \quad\quad 0.0073 \quad 10.9691(建成区面积)$

$stats$ 等号后 4 个数值的统计意义依次是：相关系数 R^2、方差分析的 F 统计量、方差分析的显著性概率 p、方差的估计值。南宁市城市规模动力系统模型 I 只是勉强通过统计检验，其预测效果较差，运行结果如图 3 - 51 至图 3 - 54 所示。

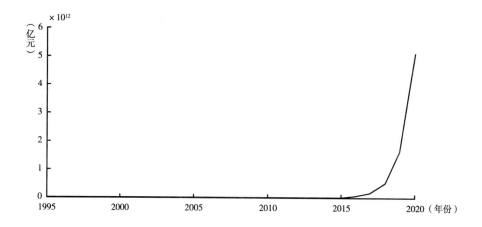

图 3 - 51 南宁市（城市规模动力系统模型 I）GDP 曲线

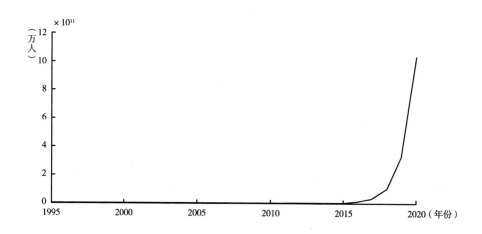

图 3 - 52 南宁市（城市规模动力系统模型 I）常住人口曲线

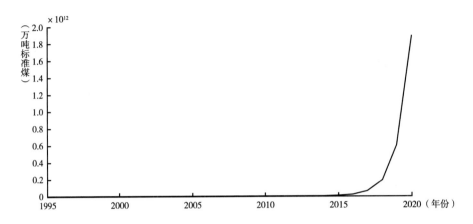

图 3 - 53　南宁市（城市规模动力系统模型 I ）能源消耗曲线

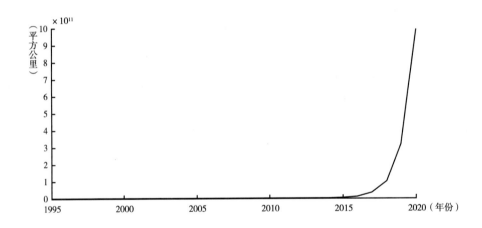

图 3 - 54　南宁市（城市规模动力系统模型 I ）建成区面积曲线

（二）城市规模动力系统模型 II （见表 3 - 50）

表 3 - 50　南宁市（城市规模动力系统模型 II ）Matlab 程序

```
load XN
load DXN
t0 = （1995：2010）
t = t0 - 1995
```

```
x1 = [t′ XN(1,:)′]
x2 = [t′ XN(2,:)′]
x3 = [t′ XN(3,:)′]
x4 = [t′ XN(4,:)′]
y1 = [t′ XN(5,:)′]
y2 = [t′ XN(6,:)′]
y3 = [t′ XN(7,:)′]
y4 = [t′ XN(8,:)′]
y5 = [t′ XN(9,:)′]
y6 = [t′ XN(10,:)′]
y7 = [t′ XN(11,:)′]
y8 = [t′ XN(12,:)′]
[b,bint,r,rint,stats] = regress([DXN(1,:)]′,[XN;ones(1,16)]′,0.05)
k1 = b(1);
k2 = b(2);
k3 = b(3);
k4 = b(4);
k5 = b(5);
k6 = b(6);
k7 = b(7);
k8 = b(8);
k9 = b(9);
k10 = b(10);
k11 = b(11);
k12 = b(12);
k13 = b(13);
[b,bint,r,rint,stats] = regress([DXN(2,:)]′,[XN;ones(1,16)]′,0.05)
w1 = b(1);
w2 = b(2);
w3 = b(3);
w4 = b(4);
w5 = b(5);
w6 = b(6);
w7 = b(7);
w8 = b(8);
w9 = b(9);
w10 = b(10);
w11 = b(11);
w12 = b(12);
w13 = b(13);
[b,bint,r,rint,stats] = regress([DXN(3,:)]′,[XN;ones(1,16)]′,0.05)
u1 = b(1);
```

```
u2 = b(2);
u3 = b(3);
u4 = b(4);
u5 = b(5);
u6 = b(6);
u7 = b(7);
u8 = b(8);
u9 = b(9);
u10 = b(10);
u11 = b(11);
u12 = b(12);
u13 = b(13);
[b,bint,r,rint,stats] = regress([DXN(4,:)]',[XN;ones(1,16)]',0.05)
v1 = b(1);
v2 = b(2);
v3 = b(3);
v4 = b(4);
v5 = b(5);
v6 = b(6);
v7 = b(7);
v8 = b(8);
v9 = b(9);
v10 = b(10);
v11 = b(11);
v12 = b(12);
v13 = b(13);
```

该模型的统计检验结果为：

$$stats = 1.0000 \quad 1720.0000 \quad 0.0000 \quad 0.0000(GDP)$$
$$stats = 0.9966 \quad 72.2760 \quad 0.0023 \quad 2.9586(常住人口)$$
$$stats = 0.9963 \quad 67.2255 \quad 0.0026 \quad 0.3109(能源消耗量)$$
$$stats = 0.9985 \quad 168.3810 \quad 0.0007 \quad 0.1940(建成区面积)$$

$stats$ 等号后 4 个数值的统计意义依次是：相关系数 R^2、方差分析的 F 统计量、方差分析的显著性概率 p、方差的估计值。南宁市城市规模动力系统模型Ⅱ极好地通过了统计检验，但是预测结果却显示系统崩溃：城市规模的 4 个变量在 2015～2020 年急剧下跌，其运行结果如图 3 – 55 至图 3 – 58 所示。

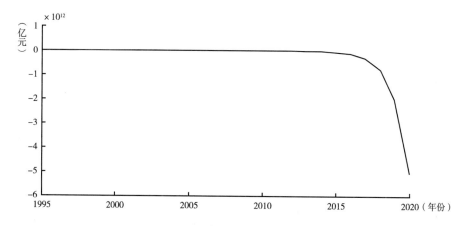

图 3-55 南宁市（城市规模动力系统模型Ⅱ）GDP 曲线

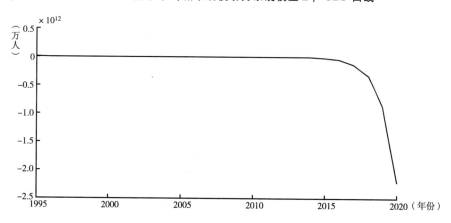

图 3-56 南宁市（城市规模动力系统模型Ⅱ）常住人口曲线

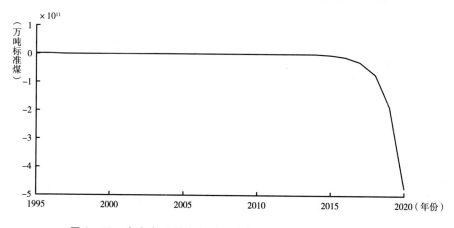

图 3-57 南宁市（城市规模动力系统模型Ⅱ）能源消耗曲线

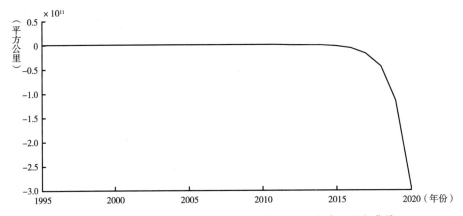

图 3 - 58　南宁市（城市规模动力系统模型Ⅱ）建成区面积曲线

（三）城市规模动力系统模型Ⅲ（见表 3 - 51）

表 3 - 51　南宁市（城市规模动力系统模型Ⅲ）Matlab 程序

```
load XN
load DXN
[ b,bint,r,rint,stats ] = regress( [ DXN( 1, : ) ]',[ XN;ones( 1,16 ) ]',0.05 )
k1 = b( 1 );
k2 = b( 2 );
k3 = b( 3 );
k4 = b( 4 );
k5 = b( 5 );
k6 = b( 6 );
k7 = b( 7 );
k8 = b( 8 );
k9 = b( 9 );
k10 = b( 10 );
k11 = b( 11 );
k12 = b( 12 );
k13 = b( 13 );
[ b,bint,r,rint,stats ] = regress( [ DXN( 2, : ) ]',[ XN;ones( 1,16 ) ]',0.05 )
w1 = b( 1 );
w2 = b( 2 );
w3 = b( 3 );
w4 = b( 4 );
w5 = b( 5 );
w6 = b( 6 );
w7 = b( 7 );
w8 = b( 8 );
w9 = b( 9 );
w10 = b( 10 );
w11 = b( 11 );
```

续表

```
w12 = b(12);
w13 = b(13);
[b,bint,r,rint,stats] = regress([DXN(3,:)]',[XN;ones(1,16)]',0.05)
u1 = b(1);
u2 = b(2);
u3 = b(3);
u4 = b(4);
u5 = b(5);
u6 = b(6);
u7 = b(7);
u8 = b(8);
u9 = b(9);
u10 = b(10);
u11 = b(11);
u12 = b(12);
u13 = b(13);
[b,bint,r,rint,stats] = regress([DXN(4,:)]',[XN;ones(1,16)]',0.05)
v1 = b(1);
v2 = b(2);
v3 = b(3);
v4 = b(4);
v5 = b(5);
v6 = b(6);
v7 = b(7);
v8 = b(8);
v9 = b(9);
v10 = b(10);
v11 = b(11);
v12 = b(12);
v13 = b(13);
[b,bint,r,rint,stats] = regress([DXN(5,:)]',[XN;ones(1,16)]',0.05)
a1 = b(1);
a2 = b(2);
a3 = b(3);
a4 = b(4);
a5 = b(5);
a6 = b(6);
a7 = b(7);
a8 = b(8);
a9 = b(9);
a10 = b(10);
a11 = b(11);
a12 = b(12);
a13 = b(13);
[b,bint,r,rint,stats] = regress([DXN(6,:)]',[XN;ones(1,16)]',0.05)
b1 = b(1);
b2 = b(2);
b3 = b(3);
b4 = b(4);
```

```
b5 = b(5);
b6 = b(6);
b7 = b(7);
b8 = b(8);
b9 = b(9);
b10 = b(10);
b11 = b(11);
b12 = b(12);
b13 = b(13);
[b,bint,r,rint,stats] = regress([DXN(7,:)]',[XN;ones(1,16)]',0.05)
c1 = b(1);
c2 = b(2);
c3 = b(3);
c4 = b(4);
c5 = b(5);
c6 = b(6);
c7 = b(7);
c8 = b(8);
c9 = b(9);
c10 = b(10);
c11 = b(11);
c12 = b(12);
c13 = b(13);
[b,bint,r,rint,stats] = regress([DXN(8,:)]',[XN;ones(1,16)]',0.05)
d1 = b(1);
d2 = b(2);
d3 = b(3);
d4 = b(4);
d5 = b(5);
d6 = b(6);
d7 = b(7);
d8 = b(8);
d9 = b(9);
d10 = b(10);
d11 = b(11);
d12 = b(12);
d13 = b(13);
[b,bint,r,rint,stats] = regress([DXN(9,:)]',[XN;ones(1,16)]',0.05)
g1 = b(1);
g2 = b(2);
g3 = b(3);
g4 = b(4);
g5 = b(5);
g6 = b(6);
g7 = b(7);
g8 = b(8);
g9 = b(9);
g10 = b(10);
g11 = b(11);
```

续表

```
g12 = b(12);
g13 = b(13);
[b,bint,r,rint,stats] = regress([DXN(10,:)]',[XN;ones(1,16)]',0.05)
h1 = b(1);
h2 = b(2);
h3 = b(3);
h4 = b(4);
h5 = b(5);
h6 = b(6);
h7 = b(7);
h8 = b(8);
h9 = b(9);
h10 = b(10);
h11 = b(11);
h12 = b(12);
h13 = b(13);
[b,bint,r,rint,stats] = regress([DXN(11,:)]',[XN;ones(1,16)]',0.05)
p1 = b(1);
p2 = b(2);
p3 = b(3);
p4 = b(4);
p5 = b(5);
p6 = b(6);
p7 = b(7);
p8 = b(8);
p9 = b(9);
p10 = b(10);
p11 = b(11);
p12 = b(12);
p13 = b(13);
[b,bint,r,rint,stats] = regress([DXN(12,:)]',[XN;ones(1,16)]',0.05)
q1 = b(1);
q2 = b(2);
q3 = b(3);
q4 = b(4);
q5 = b(5);
q6 = b(6);
q7 = b(7);
q8 = b(8);
q9 = b(9);
q10 = b(10);
q11 = b(11);
q12 = b(12);
q13 = b(13);
a = [k1 k2 k3 k4 k5 k6 k7 k8 k9 k10 k11 k12;...
     w1 w2 w3 w4 w5 w6 w7 w8 w9 w10 w11 w12;...
     u1 u2 u3 u4 u5 u6 u7 u8 u9 u10 u11 u12;...
     v1 v2 v3 v4 v5 v6 v7 v8 v9 v10 v11 v12;...
     a1 a2 a3 a4 a5 a6 a7 a8 a9 a10 a11 a12;...
```

```
  b1 b2 b3 b4 b5 b6 b7 b8 b9 b10 b11 b12;...
  c1 c2 c3 c4 c5 c6 c7 c8 c9 c10 c11 c12;...
  d1 d2 d3 d4 d5 d6 d7 d8 d9 d10 d11 d12;...
  g1 g2 g3 g4 g5 g6 g7 g8 g9 g10 g11 g12;...
  h1 h2 h3 h4 h5 h6 h7 h8 h9 h10 h11 h12;...
  p1 p2 p3 p4 p5 p6 p7 p8 p9 p10 p11 p12;...
  q1 q2 q3 q4 q5 q6 q7 q8 q9 q10 q11 q12];
b = [k13 w13 u13 v13 a13 b13 c13 d13 g13 h13 p13 q13]';
XNalance = - inv(a) * b
t = [1995;2020];
x0 = [107.61 138.78 128.71 78.01 0.32 0.61 0.25 0.24 0.20 0.20 0.03 0.64];
[t,x] = ode45('patientfunbeiyong',t,x0,odeset('RelTol',0.1,'AbsTol',0.001),...
  k1,k2,k3,k4,k5,k6,k7,k8,k9,k10,k11,k12,k13,...
  w1,w2,w3,w4,w5,w6,w7,w8,w9,w10,w11,w12,w13,...
  u1,u2,u3,u4,u5,u6,u7,u8,u9,u10,u11,u12,u13,...
  v1,v2,v3,v4,v5,v6,v7,v8,v9,v10,v11,v12,v13,...
  a1,a2,a3,a4,a5,a6,a7,a8,a9,a10,a11,a12,a13,...
  b1,b2,b3,b4,b5,b6,b7,b8,b9,b10,b11,b12,b13,...
  c1,c2,c3,c4,c5,c6,c7,c8,c9,c10,c11,c12,c13,...
  d1,d2,d3,d4,d5,d6,d7,d8,d9,d10,d11,d12,d13,...
  g1,g2,g3,g4,g5,g6,g7,g8,g9,g10,g11,g12,g13,...
  h1,h2,h3,h4,h5,h6,h7,h8,h9,h10,h11,h12,h13,...
  p1,p2,p3,p4,p5,p6,p7,p8,p9,p10,p11,p12,p13,...
  q1,q2,q3,q4,q5,q6,q7,q8,q9,q10,q11,q12,q13);
figure(1),plot(t,x(:,1),'-','linewidth',1.5)
figure(2),plot(t,x(:,2),'-','linewidth',1.5)
figure(3),plot(t,x(:,3),'-','linewidth',1.5)
figure(4),plot(t,x(:,4),'-','linewidth',1.5)
```

该模型的统计检验结果为:

$stats$ = 0.9966 72.2760 0.0023 2.9586(GDP)

$stats$ = 0.9963 67.2255 0.0026 0.3109(年末常住人口)

$stats$ = 0.9985 168.3810 0.0007 0.1940(能源消耗量)

$stats$ = 0.9869 18.8140 0.0169 0.0003(建成区面积)

$stats$ = 0.9911 27.7012 0.0097 0.0000(固定资产投资占地区生产总值比重)

$stats$ = 0.9824 13.9285 0.0260 0.0000(社会消费品零售总额占 GDP 比重)

$stats$ = 0.9909 27.3142 0.0099 0.0000(城镇从业人员占常住人口比重)

$stats$ = 0.9958 59.8698 0.0031 0.0000(工业用地占建成区面积比重)

$stats$ = 0.9997 842.7179 0.0001 0.0000(居住用地占建成区面积比重)

$stats$ = 0.9987 187.8885 0.0006 0.0000(工业用电占能源消耗量的比重)

$stats$ = 0.9996 615.9473 0.0001 0.0000(生活用电占能源消耗量的比重)

$stats$ = 0.9924 235.1046 0.0017 0.0000(居民人均收入占人均 GDP 比重)

$stats$ 等号后 4 个数值的统计意义依次是：相关系数 R^2、方差分析的 F 统计量、方差分析的显著性概率 p、方差的估计值。南宁市城市规模动力系统模型Ⅲ极好地通过了统计检验。奇怪的是，模型的运行结果很怪异，有些指标出现了剧增，有些指标出现了剧减，其运行结果如图 3 - 59 至图 3 - 62 所示。

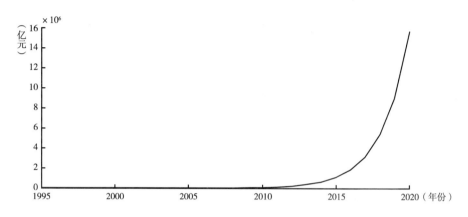

图 3 - 59 南宁市（城市规模动力系统模型Ⅲ）GDP 曲线

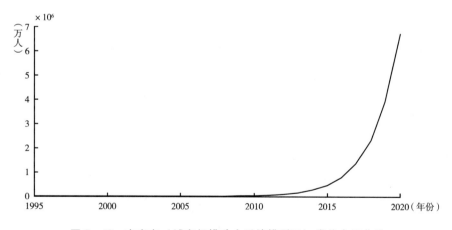

图 3 - 60 南宁市（城市规模动力系统模型Ⅲ）常住人口曲线

第三节 北海市

这一节分别用增长率法、趋势线预测法、城市规模动力系统模型（Ⅰ、

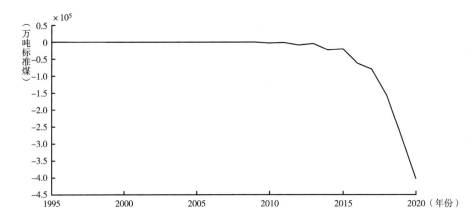

图 3－61　南宁市（城市规模动力系统模型Ⅲ）能源消耗曲线

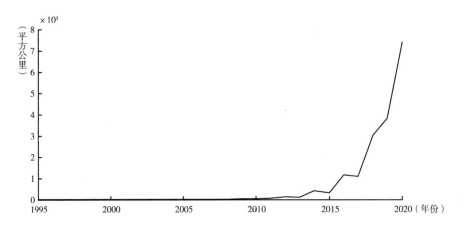

图 3－62　南宁市（城市规模动力系统模型Ⅲ）建成区面积曲线

Ⅱ、Ⅲ）预测北海市的地区生产总值（GDP）、年末常住人口、能源消耗量、建成区面积，在第四章将对这三种方法的预测结果进行汇总及比较分析。由于增长率法、趋势线预测法只适用于中短期预测，所以这两种方法的预测时限是 2011～2020 年；动力系统模型适用于中长期预测，所以城市规模动力系统模型（Ⅰ、Ⅱ、Ⅲ）的预测时限是 2011～2050 年。限于篇幅，对于所有的预测结果，本书只显示 2011～2020 年的预测图形；同时，北海市和南宁市的城市规模动力系统模型具有相同的结构，只是模型的参数不同，因为用于求参数的原始数据不一样（见表 3－52），所以在北海市城市规模动力系统模型的构建、模型统计检验等方面就不再重复表述。

表 3 - 52 北海市 1994 ~ 2010 年原始数据

指标 年份	1994	1995	1996	1997	1998	1999	2000	2001	2002
年末总人口（万人）	46.80	47.93	48.69	49.24	49.70	50.50	51.37	52.39	52.90
非农业人口	13.50	17.84	18.23	18.99	19.60	21.32	22.21	23.22	24.06
暂住人口（一个月以上）（万人）	0.76	0.84	0.95	1.10	1.31	1.56	1.81	1.93	2.79
年末城镇单位从业人员（万人）	5.23	5.31	5.42	5.56	5.63	5.71	5.82	5.91	5.73
城镇私营和个体从业人员（万人）	1.72	1.87	1.98	2.12	2.33	2.43	2.52	3.37	4.97
行政区域土地面积（平方公里）	275	957	957	957	957	957	957	957	957
建成区面积	26.50	28.00	29.30	29.50	29.60	30.00	31.00	32.00	33.00
居住用地面积	4.10	4.60	5.10	5.13	5.18	5.24	5.33	5.65	6.00
公共设施用地面积	5.30	5.70	6.10	6.22	6.24			7.00	7.00
工业用地面积	4.90	5.00	5.10	5.40	5.56	5.68	5.82	6.00	7.00
地区生产总值（当年价，亿元）	32.86	49.14	54.85	58.07	61.29	63.57	65.37	73.78	82.26
人均地区生产总值（元）	6909	10075	11049	11535	12305	12506	13745	14084	15626
地区生产总值增长率（%）	9.34	62.04	8.70	8.65	9.91	7.80	10.50	12.88	12.30
全年用电量（万千瓦时）	34086	35587	42496	42540	43779	44078	47622	49379	47089
工业用电	18367	20211	21166	21412	21506	21885	22867	23238	23576
居民生活用电	8442	8472	9548	9831	11081	11386	12425	12798	13477
社会消费品零售总额（亿元）	10	14	16	19	21	23	25	28	29
全社会固定资产投资总额（亿元）	11.26	11.86	12.43	12.86	13.45	13.96	15.28	16.20	17.49
城镇居民人均可支配收入（元）	5323	5653	5707	6558	6631	6793	6867	7013	7692
能源消耗量（万吨标准煤）	60.43	61.67	62.39	63.27	64.32	65.49	66.58	67.76	68.25

续表

指标＼年份	2003	2004	2005	2006	2007	2008	2009	2010
年末总人口(万人)	53.93	54.96	55.79	56.92	58.14	59.31	60.42	61.72
非农业人口	24.84	25.70	26.46	27.98	27.83	27.97		
暂住人口(一个月以上)(万人)	3.08	4.23	5.90	7.15	9.75	11.74	13.26	15.78
年末城镇单位从业人员(万人)	5.80	5.90	6.29	6.13	6.08	7.05	6.79	6.93
城镇私营和个体从业人员(万人)	5.32	5.80	7.20	9.48	9.58	9.68	10.97	11.61
行政区域土地面积(平方公里)	957	957	957	957	957	957	957	957
建成区面积	34.00	35.50	36.20	37.20	41.00	45.00	49.00	55.00
居住用地面积	7.00	9.00	15.45	18.31	19.00	20.00	22.00	24.00
公共设施用地面积	7.00	9.00	11.30	12.69	13.00	11.00	8.00	8.00
工业用地面积	8.00	9.00	14.59	16.66	17.00	17.52	18.00	18.46
地区生产总值(当年价,亿元)	84.32	100.88	113.24	122.62	152.94	198.05	206.37	264.58
人均地区生产总值(元)	15787	18530	18439	21757	26305	22384	37885	36092
地区生产总值增长率(%)	16.50	16.10	10.90	16.22	20.88	29.02	17.31	19.60
全年用电量(万千瓦时)	56892	57264	67976	69942	87501	96479	115612	132079
工业用电	25542	26677	28255	23969	34438	34472	40287	43609
居民生活用电	15438	15752	18032	22143	23219	28360	34610	39466
社会消费品零售总额(亿元)	29	31	31	33	39	49	59	59
全社会固定资产投资总额(亿元)	32.59	38.12	48.23	63.53	101.08	157.41	258.63	380.47
城镇居民人均可支配收入(元)	8015	8773	9520	10380	13077	14526	15536	16798
能源消耗量(万吨标准煤)	69.31	70.64	71.65	72.28	73.21	74.00	76.00	84.00

注：暂住人口指暂住1个月以上的人口。

一　增长率方法预测

（一）地区生产总值（见图 3 - 63 和表 3 - 53）

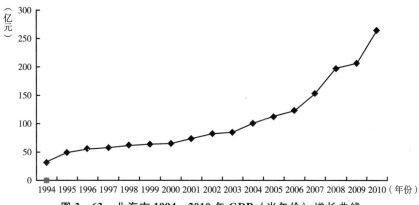

图 3 - 63　北海市 1994 ~ 2010 年 GDP（当年价）增长曲线

表 3 - 53　北海市各主要时期 GDP 名义增长率比较和判断

年份	规划期	GDP 名义增长（%）
1996 ~ 2010		11.1
1996 ~ 2000	"九五"	3.6
2001 ~ 2005	"十五"	8.9
2006 ~ 2010	"十一五"	16.6
2011 ~ 2015	"十二五"	16（预测）
2016 ~ 2020	"十三五"	15（预测）

（二）常住人口（见图 3 - 64 和表 3 - 54）

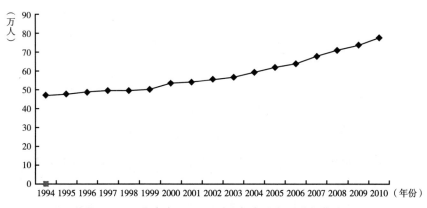

图 3 - 64　北海市 1994 ~ 2010 年常住人口增长曲线

表3-54 北海市各主要时期常住人口增长率比较和判断

年份	规划期	增长率（%）
1996～2010		3.1
1996～2000	"九五"	1.8
2001～2005	"十五"	2.6
2006～2010	"十一五"	3.9
2011～2015	"十二五"	4（预测）
2016～2020	"十三五"	4.2（预测）

（三）能源消耗量（见图3-65和表3-55）

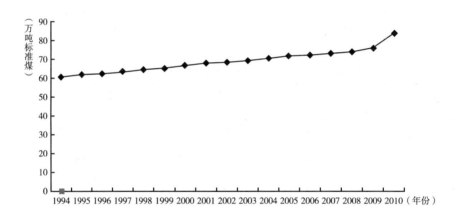

图3-65 北海市1994～2010年能源消耗量增长曲线

表3-55 北海市各主要时期能源消耗量增长率比较和判断

年份	规划期	增长率（%）
1996～2010		2.0
1996～2000	"九五"	1.3
2001～2005	"十五"	1.1
2006～2010	"十一五"	3.1
2011～2015	"十二五"	3（预测）
2016～2020	"十三五"	2.5（预测）

（四）建成区面积（见图3－66和表3－56）

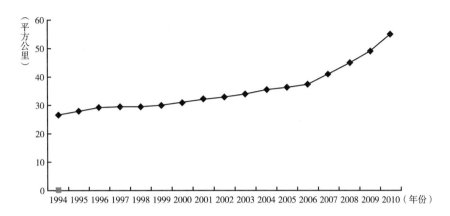

图3－66 北海市1994～2010年建成区面积增长曲线

表3－56 北海市各主要时期建成区面积增长率比较和判断

年份	规划期	增长率（%）
1996～2010		4.3
1996～2000	"九五"	1.1
2001～2005	"十五"	2.5
2006～2010	"十一五"	8.1
2011～2015	"十二五"	7（预测）
2016～2020	"十三五"	5（预测）

（五）增长率方法预测结果汇总（见表3－57）

表3－57 北海市2011～2020年城市规模预测值（分阶段增长率方法）

	2011	2012	2013	2014	2015	2016	2017	2018	2019	2020
地区生产总值（当年价,亿元）	307	356	413	479	556	639	735	845	972	1118
年末常住人口（万人）	81	84	87	91	94	98	102	107	111	116
能源消耗量（万吨标准煤）	87	89	92	95	97	100	102	105	107	110
建成区面积（平方公里）	59	63	67	72	77	81	85	89	94	98

二 趋势线预测

（一）地区生产总值（见图 3 - 67、表 3 - 58 和表 3 - 59）

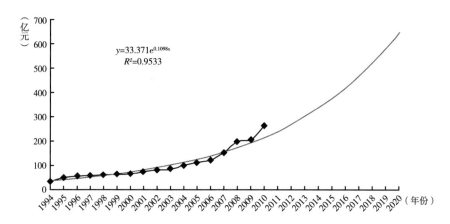

图 3 - 67　北海市 1994 ~ 2020 年 GDP（当年价）增长曲线

表 3 - 58　1994 ~ 2010 年北海市 GDP（当年价）实际值与趋势线预测值的相对误差

年份	GDP 实际值（亿元）	GDP 预测值（亿元）	相对误差（%）
1994	33	55	66.67
1995	49	42	14.29
1996	55	46	16.36
1997	58	52	10.34
1998	61	58	4.92
1999	64	64	0.00
2000	65	72	10.77
2001	74	80	8.11
2002	82	90	9.76
2003	84	100	19.05
2004	101	112	10.89
2005	113	125	10.62
2006	123	139	13.01
2007	153	155	1.31
2008	198	173	12.63
2009	206	193	6.31
2010	265	216	18.49

表 3 – 59 北海市 2011 ~ 2020 年 GDP（当年价）预测值

年份	2011	2012	2013	2014	2015	2016	2017	2018	2019	2020
GDP（亿元）	241	269	300	335	374	417	465	519	580	647

（二）年末常住人口（见图 3 – 68、表 3 – 60、表 3 – 61）

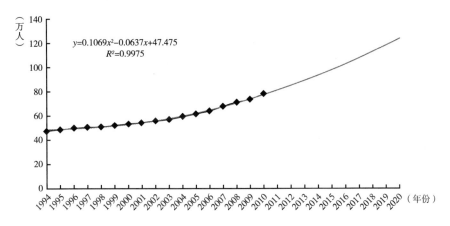

图 3 – 68 北海市 1994 ~ 2020 年年末常住人口增长曲线

表 3 – 60 1994 ~ 2010 年北海市常住人口实际值与趋势线预测值的相对误差

年份	年末常住人口实际值（万人）	年末常住人口预测值（万人）	相对误差（%）
1994	48	49	2.08
1995	49	49	0.00
1996	50	49	2.00
1997	50	50	0.00
1998	51	51	0.00
1999	52	52	0.00
2000	53	53	0.00
2001	54	54	0.00
2002	56	56	0.00
2003	57	58	1.75
2004	59	60	1.69
2005	62	62	0.00
2006	64	65	1.56
2007	68	68	0.00
2008	71	71	0.00
2009	74	74	0.00
2010	78	77	1.28

表3-61　北海市2011～2020年年末常住人口预测值

年份	2011	2012	2013	2014	2015	2016	2017	2018	2019	2020
年末常住人口（万人）	81	85	89	93	98	102	107	113	118	124

（三）能源消耗量（见图3-69、表3-62、表3-63）

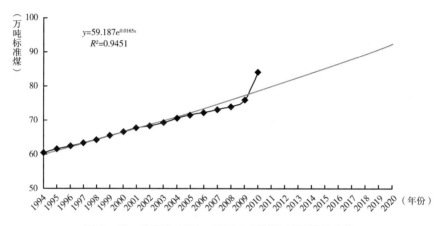

$y=59.187e^{0.0165x}$
$R^2=0.9451$

图3-69　北海市1994～2020年能源消耗量增长曲线

表3-62　1994～2010年北海市能源消耗量实际值与趋势线预测值的相对误差

年份	能源消耗量实际值 （万吨标准煤）	能源消耗量预测值 （万吨标准煤）	相对误差 （％）
1994	60.43	60.17	0.43
1995	61.67	61.17	0.81
1996	62.39	62.19	0.32
1997	63.27	63.23	0.06
1998	64.32	64.28	0.06
1999	65.49	65.35	0.21
2000	66.58	66.43	0.23
2001	67.76	67.54	0.32
2002	68.25	68.66	0.60
2003	69.31	69.8	0.71
2004	70.64	70.97	0.47
2005	71.65	72.15	0.70
2006	72.28	73.35	1.48
2007	73.21	74.57	1.86
2008	74	75.81	2.45
2009	76	77.07	1.41
2010	84	78.35	6.73

表 3 – 63　北海市 2011～2020 年能源消耗量预测值

年份	2011	2012	2013	2014	2015	2016	2017	2018	2019	2020
能源消耗量（万吨标准煤）	80	81	82	84	85	87	88	89	91	92

（四）建成区面积（见图 3 – 70、表 3 – 64、表 3 – 65）

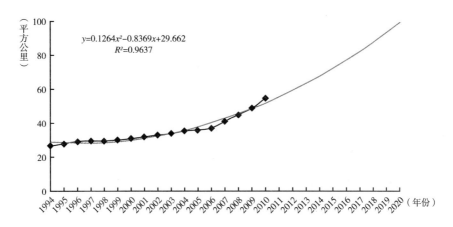

$y=0.1264x^2-0.8369x+29.662$
$R^2=0.9637$

图 3 – 70　北海市 1994～2020 年建成区面积增长曲线

表 3 – 64　1994～2010 年北海市建成区面积实际值与趋势线预测值的相对误差

年份	建成区面积实际值（平方公里）	建成区面积预测值（平方公里）	相对误差（%）
1994	27	29	7.41
1995	28	28	0.00
1996	29	28	3.45
1997	30	28	6.67
1998	30	29	3.33
1999	30	29	3.33
2000	31	30	3.23
2001	32	31	3.13
2002	33	32	3.03
2003	34	34	0.00
2004	36	36	0.00
2005	36	38	5.56
2006	37	40	8.11

续表

年份	建成区面积实际值(平方公里)	建成区面积预测值(平方公里)	相对误差(%)
2007	41	43	4.88
2008	45	46	2.22
2009	49	49	0.00
2010	55	52	5.45

表 3 – 65 北海市 2011～2020 年建成区面积预测值

年份	2011	2012	2013	2014	2015	2016	2017	2018	2019	2020
建成区面积(平方公里)	56	59	63	68	72	77	82	88	93	99

（五）趋势线预测结果汇总 （见表 3 – 66）

表 3 – 66 北海市 2011～2020 年城市规模预测值汇总 （趋势线预测法）

年份	2011	2012	2013	2014	2015	2016	2017	2018	2019	2020
GDP(亿元)	241	269	300	335	374	417	465	519	580	647
年末常住人口(万人)	81	85	89	93	98	103	108	113	118	124
能源消耗量(万吨标准煤)	80	81	82	84	85	87	88	89	91	92
建成区面积(平方公里)	56	59	63	68	72	77	82	88	93	99

三　动力系统模型预测

（一）城市规模动力系统模型 I （见表 3 – 67）

表 3 – 67 北海市 （城市规模动力系统模型 I） Matlab 程序

```
load XB
load DXB
[b,bint,r,rint,stats] = regress([DXB(1,:)]',[XB(1:4,:);ones(1,16)]',0.05)
k1 = b(1);
k2 = b(2);
k3 = b(3);
```

```
k4 = b(4);
k5 = b(5);
[b,bint,r,rint,stats] = regress([DXB(2,:)]',[XB(1:4,:);ones(1,16)]',0.05)
w1 = b(1);
w2 = b(2);
w3 = b(3);
w4 = b(4);
w5 = b(5);
[b,bint,r,rint,stats] = regress([DXB(3,:)]',[XB(1:4,:);ones(1,16)]',0.05)
u1 = b(1);
u2 = b(2);
u3 = b(3);
u4 = b(4);
u5 = b(5);
[b,bint,r,rint,stats] = regress([DXB(4,:)]',[XB(1:4,:);ones(1,16)]',0.05)
v1 = b(1);
v2 = b(2);
v3 = b(3);
v4 = b(4);
v5 = b(5);
a = [k1  k2  k3  k4;...
    w1  w2  w3  w4;...
    u1  u2  u3  u4;...
    v1  v2  v3  v4];
b = [k5  w5  u5  v5]';
XBalance = - inv(a) * b
t = [1995:2020];
x0 = [40 48 61 27];
[t,x] = ode45('patientfun4',t,x0,odeset('RelTol',0.1,'AbsTol',0.001),...
k1,k2,k3,k4,k5,...
w1,w2,w3,w4,w5,...
u1,u2,u3,u4,u5,...
v1,v2,v3,v4,v5);
figure(1),plot(t,x(:,1),'-','linewidth',1.5)
figure(2),plot(t,x(:,2),'-','linewidth',1.5)
figure(3),plot(t,x(:,3),'-','linewidth',1.5)
figure(4),plot(t,x(:,4),'-','linewidth',1.5)
```

该模型的统计检验结果为：

$stats$ = 0.9134   28.9893   0.0000   17.6432(GDP)

$stats$ = 0.9702　89.6707　0.0000　0.0398（常住人口）

$stats$ = 0.9516　54.0137　0.0000　0.0954（能源消耗量）

$stats$ = 0.9490　51.1475　0.0000　0.1508（建成区面积）

$stats$ 等号后 4 个数值的统计意义依次是：相关系数 R^2、方差分析的 F 统计量、方差分析的显著性概率 p、方差的估计值。北海市城市规模动力系统模型 I 很好地通过了统计检验，运行结果显示城市规模的 4 个变量在 2013 年以后出现波动，如图 3－71 至图 3－74 所示。

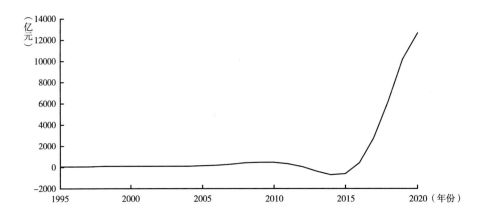

图 3－71　北海市（城市规模动力系统模型 I）GDP 曲线

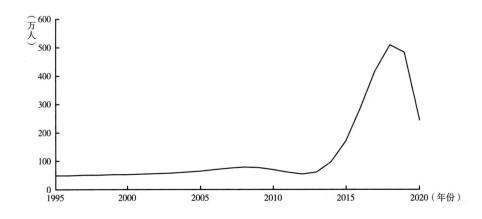

图 3－72　北海市（城市规模动力系统模型 I）常住人口曲线

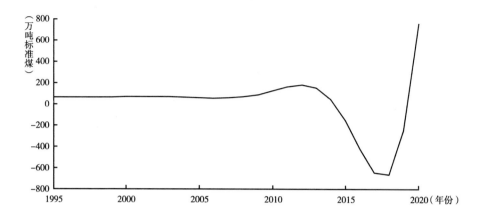

图 3 - 73　北海市（城市规模动力系统模型 I）能源消耗曲线

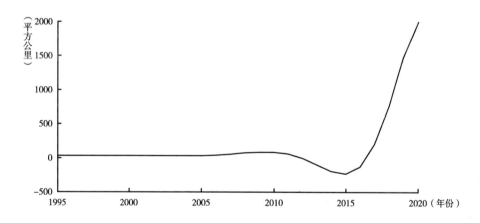

图 3 - 74　北海市（城市规模动力系统模型 I）建成区面积曲线

（二）城市规模动力系统模型 II（见表 3 - 68）

表 3 - 68　北海市（城市规模动力系统模型 II）Matlab 程序

```
load XB
load DXB
t0 =（1995:2010）
t = t0 - 1995
```

```
x1 = [t′ XB(1,:)′]
x2 = [t′ XB(2,:)′]
x3 = [t′ XB(3,:)′]
x4 = [t′ XB(4,:)′]
y1 = [t′ XB(5,:)′]
y2 = [t′ XB(6,:)′]
y3 = [t′ XB(7,:)′]
y4 = [t′ XB(8,:)′]
y5 = [t′ XB(9,:)′]
y6 = [t′ XB(10,:)′]
y7 = [t′ XB(11,:)′]
y8 = [t′ XB(12,:)′]
[b,bint,r,rint,stats] = regress([DXB(1,:)]′,[XB;ones(1,16)]′,0.05)
k1 = b(1);
k2 = b(2);
k3 = b(3);
k4 = b(4);
k5 = b(5);
k6 = b(6);
k7 = b(7);
k8 = b(8);
k9 = b(9);
k10 = b(10);
k11 = b(11);
k12 = b(12);
k13 = b(13);
[b,bint,r,rint,stats] = regress([DXB(2,:)]′,[XB;ones(1,16)]′,0.05)
w1 = b(1);
w2 = b(2);
w3 = b(3);
w4 = b(4);
w5 = b(5);
w6 = b(6);
w7 = b(7);
w8 = b(8);
w9 = b(9);
w10 = b(10);
w11 = b(11);
w12 = b(12);
w13 = b(13);
[b,bint,r,rint,stats] = regress([DXB(3,:)]′,[XB;ones(1,16)]′,0.05)
u1 = b(1);
```

```
u2 = b(2);
u3 = b(3);
u4 = b(4);
u5 = b(5);
u6 = b(6);
u7 = b(7);
u8 = b(8);
u9 = b(9);
u10 = b(10);
u11 = b(11);
u12 = b(12);
u13 = b(13);
[b,bint,r,rint,stats] = regress([DXB(4,:)]',[XB;ones(1,16)]',0.05)
v1 = b(1);
v2 = b(2);
v3 = b(3);
v4 = b(4);
v5 = b(5);
v6 = b(6);
v7 = b(7);
v8 = b(8);
v9 = b(9);
v10 = b(10);
v11 = b(11);
v12 = b(12);
v13 = b(13);
```

该模型的统计检验结果为：

$$stats = 0.9997 \quad 795.1602 \quad 0.0001 \quad 0.2347(GDP)$$
$$stats = 1.0000 \quad 1276.5 \quad 0.0000 \quad 0.0000(常住人口)$$
$$stats = 0.9997 \quad 947.6201 \quad 0.0001 \quad 0.0029(能源消耗量)$$
$$stats = 0.9990 \quad 851.1475 \quad 0.0000 \quad 0.0008(建成区面积)$$

$stats$ 等号后 4 个数值的统计意义依次是：相关系数 R^2、方差分析的 F 统计量、方差分析的显著性概率 p、方差的估计值。北海市城市规模动力系统模型Ⅱ极好地通过了统计检验，但是预测结果显示系统强烈震荡：城市规模的 4 个变量在 2013 年以后出现激烈波动，其运行结果如图 3 – 75 至图 3 – 78 所示。

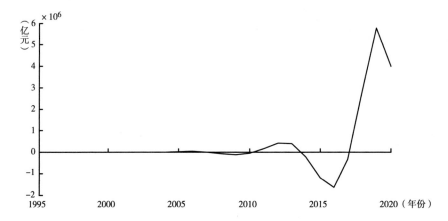

图 3-75 北海市（城市规模动力系统模型Ⅱ）GDP 曲线

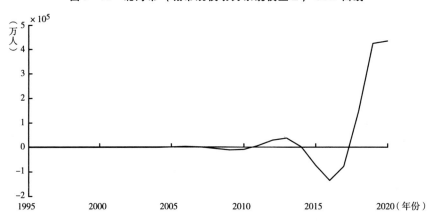

图 3-76 北海市（城市规模动力系统模型Ⅱ）常住人口曲线

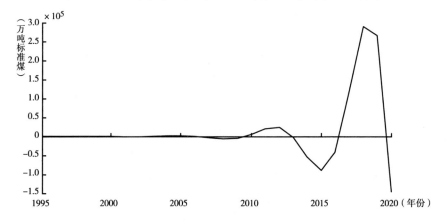

图 3-77 北海市（城市规模动力系统模型Ⅱ）能源消耗曲线

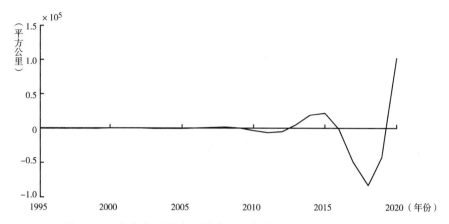

图 3-78 北海市 (城市规模动力系统模型Ⅱ) 建成区面积曲线

(三) 城市规模动力系统模型Ⅲ (见表 3-69)

表 3-69 北海市 (城市规模动力系统模型Ⅲ) 程序

```
load XB
load DXB
[b,bint,r,rint,stats] = regress([DXB(1,:)]',[XB;ones(1,16)]',0.05)
k1 = b(1);
k2 = b(2);
k3 = b(3);
k4 = b(4);
k5 = b(5);
k6 = b(6);
k7 = b(7);
k8 = b(8);
k9 = b(9);
k10 = b(10);
k11 = b(11);
k12 = b(12);
k13 = b(13);
[b,bint,r,rint,stats] = regress([DXB(2,:)]',[XB;ones(1,16)]',0.05)
w1 = b(1);
w2 = b(2);
w3 = b(3);
w4 = b(4);
w5 = b(5);
w6 = b(6);
w7 = b(7);
w8 = b(8);
w9 = b(9);
w10 = b(10);
w11 = b(11);
```

```
w12 = b(12);
w13 = b(13);
[b,bint,r,rint,stats] = regress([DXB(3,:)]',[XB;ones(1,16)]',0.05)
u1 = b(1);
u2 = b(2);
u3 = b(3);
u4 = b(4);
u5 = b(5);
u6 = b(6);
u7 = b(7);
u8 = b(8);
u9 = b(9);
u10 = b(10);
u11 = b(11);
u12 = b(12);
u13 = b(13);
[b,bint,r,rint,stats] = regress([DXB(4,:)]',[XB;ones(1,16)]',0.05)
v1 = b(1);
v2 = b(2);
v3 = b(3);
v4 = b(4);
v5 = b(5);
v6 = b(6);
v7 = b(7);
v8 = b(8);
v9 = b(9);
v10 = b(10);
v11 = b(11);
v12 = b(12);
v13 = b(13);
[b,bint,r,rint,stats] = regress([DXB(5,:)]',[XB;ones(1,16)]',0.05)
a1 = b(1);
a2 = b(2);
a3 = b(3);
a4 = b(4);
a5 = b(5);
a6 = b(6);
a7 = b(7);
a8 = b(8);
a9 = b(9);
a10 = b(10);
a11 = b(11);
a12 = b(12);
a13 = b(13);
[b,bint,r,rint,stats] = regress([DXB(6,:)]',[XB;ones(1,16)]',0.05)
b1 = b(1);
b2 = b(2);
b3 = b(3);
b4 = b(4);
```

```
b5 = b(5);
b6 = b(6);
b7 = b(7);
b8 = b(8);
b9 = b(9);
b10 = b(10);
b11 = b(11);
b12 = b(12);
b13 = b(13);
[b,bint,r,rint,stats] = regress([DXB(7,:)]',[XB;ones(1,16)]',0.05)
c1 = b(1);
c2 = b(2);
c3 = b(3);
c4 = b(4);
c5 = b(5);
c6 = b(6);
c7 = b(7);
c8 = b(8);
c9 = b(9);
c10 = b(10);
c11 = b(11);
c12 = b(12);
c13 = b(13);
[b,bint,r,rint,stats] = regress([DXB(8,:)]',[XB;ones(1,16)]',0.05)
d1 = b(1);
d2 = b(2);
d3 = b(3);
d4 = b(4);
d5 = b(5);
d6 = b(6);
d7 = b(7);
d8 = b(8);
d9 = b(9);
d10 = b(10);
d11 = b(11);
d12 = b(12);
d13 = b(13);
[b,bint,r,rint,stats] = regress([DXB(9,:)]',[XB;ones(1,16)]',0.05)
g1 = b(1);
g2 = b(2);
g3 = b(3);
g4 = b(4);
g5 = b(5);
g6 = b(6);
g7 = b(7);
g8 = b(8);
g9 = b(9);
g10 = b(10);
g11 = b(11);
```

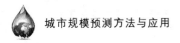

```
g12 = b(12);
g13 = b(13);
[b,bint,r,rint,stats] = regress([DXB(10,:)]',[XB;ones(1,16)]',0.05)
h1 = b(1);
h2 = b(2);
h3 = b(3);
h4 = b(4);
h5 = b(5);
h6 = b(6);
h7 = b(7);
h8 = b(8);
h9 = b(9);
h10 = b(10);
h11 = b(11);
h12 = b(12);
h13 = b(13);
[b,bint,r,rint,stats] = regress([DXB(11,:)]',[XB;ones(1,16)]',0.05)
p1 = b(1);
p2 = b(2);
p3 = b(3);
p4 = b(4);
p5 = b(5);
p6 = b(6);
p7 = b(7);
p8 = b(8);
p9 = b(9);
p10 = b(10);
p11 = b(11);
p12 = b(12);
p13 = b(13);
[b,bint,r,rint,stats] = regress([DXB(12,:)]',[XB;ones(1,16)]',0.05)
q1 = b(1);
q2 = b(2);
q3 = b(3);
q4 = b(4);
q5 = b(5);
q6 = b(6);
q7 = b(7);
q8 = b(8);
q9 = b(9);
q10 = b(10);
q11 = b(11);
q12 = b(12);
q13 = b(13);
a = [k1 k2 k3 k4 k5 k6 k7 k8 k9 k10 k11 k12;...
  w1 w2 w3 w4 w5 w6 w7 w8 w9 w10 w11 w12;...
  u1 u2 u3 u4 u5 u6 u7 u8 u9 u10 u11 u12;...
  v1 v2 v3 v4 v5 v6 v7 v8 v9 v10 v11 v12;...
  a1 a2 a3 a4 a5 a6 a7 a8 a9 a10 a11 a12;...
```

```
       b1 b2 b3 b4 b5 b6 b7 b8 b9 b10 b11 b12;...
       c1 c2 c3 c4 c5 c6 c7 c8 c9 c10 c11 c12;...
       d1 d2 d3 d4 d5 d6 d7 d8 d9 d10 d11 d12;...
       g1 g2 g3 g4 g5 g6 g7 g8 g9 g10 g11 g12;...
       h1 h2 h3 h4 h5 h6 h7 h8 h9 h10 h11 h12;...
       p1 p2 p3 p4 p5 p6 p7 p8 p9 p10 p11 p12;...
       q1 q2 q3 q4 q5 q6 q7 q8 q9 q10 q11 q12];
   b = [k13 w13 u13 v13 a13 b13 c13 d13 g13 h13 p13 q13]';
   XBalance = - inv(a) * b
   t = [1995:2020];
   x0 = [39.68 48.12 60.99 27.23 0.30 0.30 0.15 0.18 0.16 0.04 0.02 0.69];
   [t,x] = ode45('patientfunbeiyong',t,x0,odeset('RelTol',0.1,'AbsTol',0.001),...
       k1,k2,k3,k4,k5,k6,k7,k8,k9,k10,k11,k12,k13,...
       w1,w2,w3,w4,w5,w6,w7,w8,w9,w10,w11,w12,w13,...
       u1,u2,u3,u4,u5,u6,u7,u8,u9,u10,u11,u12,u13,...
       v1,v2,v3,v4,v5,v6,v7,v8,v9,v10,v11,v12,v13,...
       a1,a2,a3,a4,a5,a6,a7,a8,a9,a10,a11,a12,a13,...
       b1,b2,b3,b4,b5,b6,b7,b8,b9,b10,b11,b12,b13,...
       c1,c2,c3,c4,c5,c6,c7,c8,c9,c10,c11,c12,c13,...
       d1,d2,d3,d4,d5,d6,d7,d8,d9,d10,d11,d12,d13,...
       g1,g2,g3,g4,g5,g6,g7,g8,g9,g10,g11,g12,g13,...
       h1,h2,h3,h4,h5,h6,h7,h8,h9,h10,h11,h12,h13,...
       p1,p2,p3,p4,p5,p6,p7,p8,p9,p10,p11,p12,p13,...
       q1,q2,q3,q4,q5,q6,q7,q8,q9,q10,q11,q12,q13);
   figure(1),plot(t,x(:,1),'-','linewidth',1.5)
   figure(2),plot(t,x(:,2),'-','linewidth',1.5)
   figure(3),plot(t,x(:,3),'-','linewidth',1.5)
   figure(4),plot(t,x(:,4),'-','linewidth',1.5)
```

该模型的统计检验结果为：

$stats$ = 0.9997   795.1602   0.0001   0.2347(GDP)

$stats$ = 1.0000   2165.8000   0.0000   0.0000(年末常住人口)

$stats$ = 1.0000   1.276.5000   0.0000   0.0000(能源消耗量)

$stats$ = 0.9997   947.6201   0.0001   0.0029(建成区面积)

$stats$ = 1.0000   2552.0000   0.0000   0.0000(固定资产投资占地区生产总值比重)

$stats$ = 0.9989   223.0481   0.0004   0.0000(社会消费品零售总额占GDP比重)

$stats$ = 0.9953   52.6747   0.0038   0.0000(城镇从业人员占常住人口比重)

$stats$ = 0.9992   311.4173   0.0003   0.0000(工业用地占建成区面积比重)

$stats$ = 0.9991   284.9003   0.0003   0.0000(居住用地占建成区面积比重)

$stats$ = 0.9944   44.7449   0.0048   0.0000(工业用电占能源消耗量的比重)

$stats$ = 0.9997   921.6442   0.0001   0.0000(生活用电占能源消耗量的比重)

$stats$ = 0.9963   66.8382   0.0026   0.0000(居民人均收入占人均GDP比重)

stats 等号后 4 个数值的统计意义依次是：相关系数 R^2、方差分析的 F 统计量、方差分析的显著性概率 p、方差的估计值。北海市城市规模动力系统模型 III 极好地通过了统计检验，但是运行结果很怪异，系统变量出现剧增或剧减，如图 3 – 79 至图 3 – 82 所示。

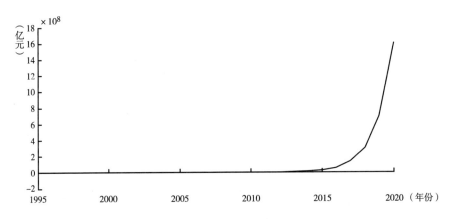

图 3 – 79　北海市（城市规模动力系统模型 III） GDP 曲线

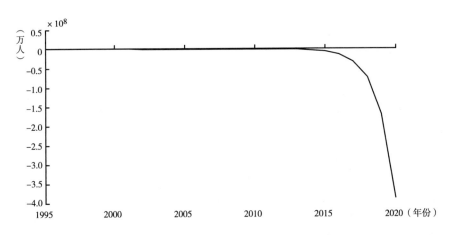

图 3 – 80　北海市（城市规模动力系统模型 III） 常住人口曲线

第四节　钦州市

这一节分别用增长率法、趋势线预测法、城市规模动力系统模型（Ⅰ、

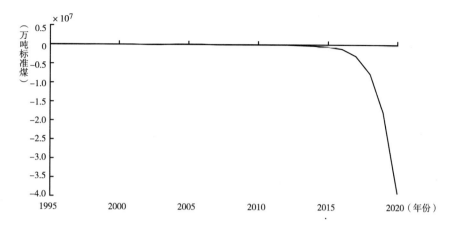

图 3 - 81 北海市（城市规模动力系统模型Ⅲ）能源消耗曲线

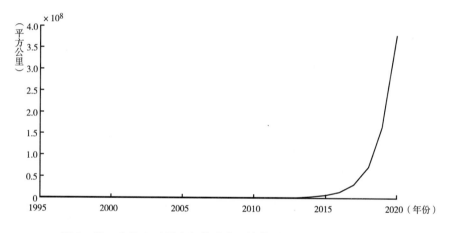

图 3 - 82 北海市（城市规模动力系统模型Ⅲ）建成区面积曲线

Ⅱ、Ⅲ）预测钦州市的地区生产总值（GDP）、年末常住人口、能源消耗量、建成区面积，在第四章将对这三种方法的预测结果进行汇总及比较分析。由于增长率法、趋势线预测法只适用于中短期预测，所以这两种方法的预测时限是 2011～2020 年；动力系统模型适用于中长期预测，所以城市规模动力系统模型（Ⅰ、Ⅱ、Ⅲ）的预测时限是 2011～2050 年。限于篇幅，对于所有的预测结果，本书只显示 2011～2020 年的预测图形；同时，钦州市和南宁市的城市规模动力系统模型具有相同的结构，只是模型的参数不同，因为用于求参数的原始数据不一样（见表 3 - 52），所以在钦州市城市规模动力系统模型的构建、模型统计检验等方面就不再重复表述。

城市规模预测方法与应用

表 3-70　钦州市 1994~2010 年原始数据

指标 \ 年份	1994	1995	1996	1997	1998	1999	2000	2001	2002
年末总人口（万人）	108.70	109.76	111.52	112.86	113.83	115.45	117.06	118.07	119.34
非农业人口	13.80	14.93	16.00	16.78	17.24	17.69	18.17	18.60	19.31
暂住人口（一个月以上）（万人）	0.66	0.67	0.68	0.69	0.70	0.71	0.72	0.89	1.02
年末城镇单位从业人员（万人）	4.06	4.65	5.12	5.69	5.71	5.73	5.75	5.77	5.78
城镇私营和个体从业人员（万人）	14.20	13.20	13.50	16.40	14.40	12.10	18.41	14.67	23.07
行政区域土地面积（平方公里）	4657	4657	4657	4657	4657	4657	4657	4772	4772
建成区面积	42.00	50.50	51.68	54.53	55.56	56.00	57.00	60.00	64.00
居住用地面积	15.70	15.70	16.40	16.85	17.50	18.05	19.11	20.00	21.00
公共设施用地面积	3.00	3.00	3.30	4.10	6.10	6.87	9.78	6.00	7.00
工业用地面积	3.50	3.50	3.70	3.80	5.54	5.54	9.78	12.00	12.00
地区生产总值（当年价,亿元）	34.53	40.21	46.28	50.74	54.50	59.84	63.46	69.27	75.16
人均地区生产总值（元）		3686	4183	4522	4808	5231	5470	5867	6331
地区生产总值增长率（%）	22.81	3.36	8.63	13.43	12.11	11.27	5.13	9.16	11.64
全年用电量（万千瓦时）	20893	18647	19746	19702	17789	20959	25956	28240	35058
工业用电	13861	10512	11450	10882	8020	7079	11084	12616	21314
居民生活用电	5362	5843	5939	6031	6925	4826	12045	10239	9758
社会消费品零售总额（亿元）	142	161	183	207	224	243	263	293	312
全社会固定资产投资总额（亿元）	80.54	61.60	91.90	84.44	123.41	108.89	124.90	166.08	208.58
城镇居民人均可支配收入（元）	3858	4177	4627	5028	5434	5672	5692	6328	6734
能源消耗量（万吨标准煤）	61.34	64.57	67.97	71.55	75.31	79.28	83.45	87.84	92.47

续表

指标 ＼ 年份	2003	2004	2005	2006	2007	2008	2009	2010
年末总人口（万人）	120.32	122.63	122.08	124.85	128.02	129.67	134.79	138.06
非农业人口	19.86	20.47	19.67	19.99	20.60	21.00	21.50	22.12
暂住人口（一个月以上）（万人）	0.97	1.19	1.46	1.90	2.50	3.20	5.19	8.59
年末城镇单位从业人员（万人）	5.79	5.80	5.87	5.91	6.21	6.25	6.57	6.68
城镇私营和个体从业人员（万人）	23.87	24.58	28.19	30.80	38.68	40.99	44.67	51.00
行政区域土地面积（平方公里）	4772	4772	4772	4767	4767		4767	4732
建成区面积	65.00	66.00	68.00	71.00	74.00	75.00	77.00	80.00
居住用地面积	21.00	21.00	21.86	22.07	23.15	23.87	24.16	24.45
公共设施用地面积	7.00	7.00	7.09	4.00	8.00	8.00	10.00	18.00
工业用地面积	12.00	12.00	12.47	12.47	12.65	12.87	13.00	20.00
地区生产总值（当年价，亿元）	76.37	85.74	99.17	122.39	158.53	159.09	224.44	203.96
人均地区生产总值（元）	6373	7058	8105	9913	11158	24307	17082	33526
地区生产总值增长率（%）	10.41	15.00	14.70	18.50	18.90	14.55	17.20	23.60
全年用电量（万千瓦时）	43549	52615	99270	125998	161935	143511	186935	141570
工业用电	24091	33612	75355	94619	128635	34502	128799	78640
居民生活用电	13354	11027	12498	16727	27846	15089	27351	16572
社会消费品零售总额（亿元）	319	305	351	401	476	575	733	832
全社会固定资产投资总额（亿元）	266.39	408.99	563.78	831.81	1078.69	737.93	2778.69	1753.00
城镇居民人均可支配收入（元）	7437	7153	8942	10173	12150	14298	16142	17719
能源消耗量（万吨标准煤）	97.33	107.38	137.18	139.58	145.98	146.78	157.00	165.00

注：暂住人口指暂住1个月以上的人口。

一 增长率方法预测

（一）地区生产总值（见图 3 – 83 和表 3 – 71）

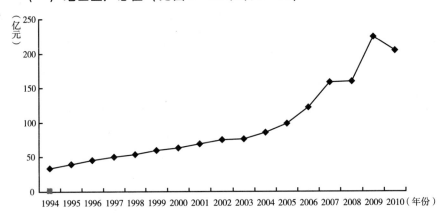

图 3 – 83　钦州市 1994 ~ 2010 年 GDP（当年价）增长曲线

表 3 – 71　钦州市各主要时期 GDP 名义增长率比较和判断

年份	规划期	增长率（%）
1996 ~ 2010		10. 4
1996 ~ 2000	"九五"	6. 5
2001 ~ 2005	"十五"	7. 4
2006 ~ 2010	"十一五"	10. 8
2011 ~ 2015	"十二五"	10. 5（预测）
2016 ~ 2020	"十三五"	10（预测）

（二）常住人口（见图 3 – 84 和表 3 – 72）

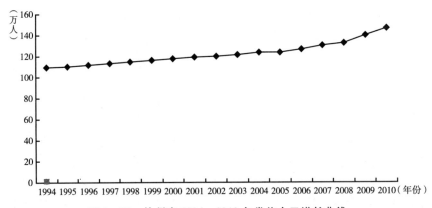

图 3 – 84　钦州市 1994 ~ 2010 年常住人口增长曲线

表 3 - 72　钦州市各主要时期常住人口增长率比较和判断

年份	规划期	增长率（%）
1996～2010		1.8
1996～2000	"九五"	1.0
2001～2005	"十五"	0.8
2006～2010	"十一五"	3.0
2011～2015	"十二五"	2.8（预测）
2016～2020	"十三五"	2.5（预测）

（三）能源消耗量（见图 3 - 85 和表 3 - 73）

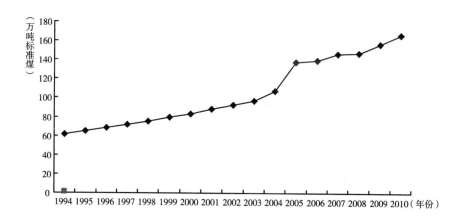

图 3 - 85　钦州市 1994～2010 年能源消耗量增长曲线

表 3 - 73　钦州市各主要时期能源消耗量增长率比较和判断

年份	规划期	增长率（%）
1996～2010		6.1
1996～2000	"九五"	4.2
2001～2005	"十五"	9.3
2006～2010	"十一五"	3.5
2011～2015	"十二五"	3.5（预测）
2016～2020	"十三五"	3.2（预测）

（四）建成区面积（见图 3 – 86 和表 3 – 74）

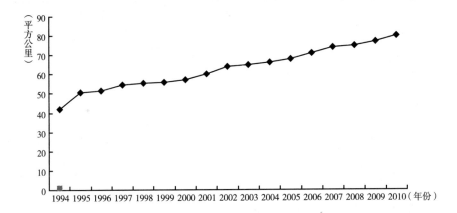

图 3 – 86　钦州市 1994～2010 年建成区面积增长曲线

表 3 – 74　钦州市各主要时期建成区面积增长率比较和判断

年份	规划期	增长率（%）
1996～2010		3.0
1996～2000	"九五"	2.0
2001～2005	"十五"	2.5
2006～2010	"十一五"	2.4
2011～2015	"十二五"	2.8（预测）
2016～2020	"十三五"	2.6（预测）

（五）增长率方法预测结果汇总（见表 3 – 75）

表 3 – 75　钦州市 2011～2020 年城市规模预测值（分阶段增长率方法）

年份	2011	2012	2013	2014	2015	2016	2017	2018	2019	2020
地区生产总值（当年价,亿元）	225	249	275	304	336	370	407	447	492	541
年末常住人口（万人）	151	155	159	164	168	173	177	181	186	190
能源消耗量（万吨标准煤）	172	178	184	190	197	203	210	217	224	231
建成区面积（平方公里）	82	85	87	89	92	94	97	99	102	104

二　趋势线方法预测

（一）地区生产总值（见图 3 – 87、表 3 – 76、表 3 – 77）

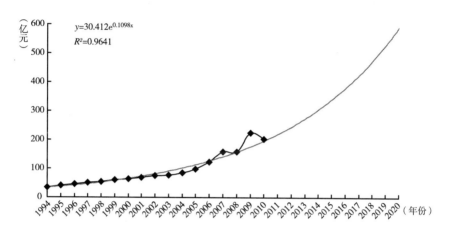

$y=30.412e^{0.1098x}$
$R^2=0.9641$

图 3 – 87　钦州市 1994 ~ 2020 年 GDP（当年价）增长曲线

表 3 – 76　1994 ~ 2010 年钦州市 GDP（当年价）实际值与趋势线预测值的相对误差

年份	GDP 实际值（亿元）	GDP 预测值（亿元）	相对误差（%）
1994	35	34	2.86
1995	40	38	5.00
1996	46	42	8.70
1997	51	47	7.84
1998	54	53	1.85
1999	60	59	1.67
2000	63	66	4.76
2001	69	73	5.80
2002	75	82	9.33
2003	76	91	19.74
2004	86	102	18.60
2005	99	114	15.15
2006	122	127	4.10
2007	159	141	11.32
2008	159	158	0.63
2009	224	176	21.43
2010	204	197	3.43

表 3 – 77　钦州市 2011～2020 年 GDP（当年价）预测值

年份	2011	2012	2013	2014	2015	2016	2017	2018	2019	2020
GDP（亿元）	219	245	273	305	341	380	424	473	528	590

（二）年末常住人口（见图 3 – 88、表 3 – 78、表 3 – 79）

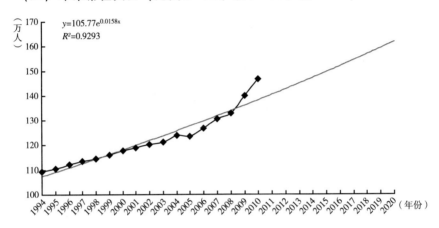

图 3 – 88　钦州市 1994～2020 年年末常住人口增长曲线

表 3 – 78　1994～2010 年钦州市常住人口实际值与趋势线预测值的相对误差

年份	年末常住人口实际值（万人）	年末常住人口预测值（万人）	相对误差（%）
1994	109	107	1.83
1995	110	109	0.91
1996	112	111	0.89
1997	114	113	0.88
1998	115	114	0.87
1999	116	116	0.00
2000	118	118	0.00
2001	119	120	0.84
2002	120	122	1.67
2003	121	124	2.48
2004	124	126	1.61
2005	124	128	3.23
2006	127	130	2.36
2007	131	132	0.76
2008	133	134	0.75
2009	140	136	2.86
2010	147	138	6.12

表 3 - 79 钦州市 2011～2020 年年末常住人口预测值

年份	2011	2012	2013	2014	2015	2016	2017	2018	2019	2020
年末常住人口（万人）	141	143	145	147	150	152	155	157	160	162

（三）能源消耗量（见图 3 - 89、表 3 - 80、表 3 - 81）

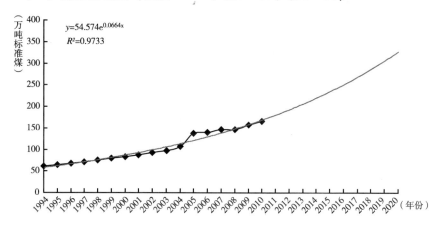

图 3 - 89 钦州市 1994～2020 年能源消耗量增长曲线

表 3 - 80 1994～2010 年钦州市能源消耗量实际值与趋势线预测值的相对误差

年份	能源消耗量实际值 （万吨标准煤）	能源消耗量预测值 （万吨标准煤）	相对误差 （%）
1994	61	58	4.92
1995	65	62	4.62
1996	68	67	1.47
1997	72	71	1.39
1998	75	76	1.33
1999	79	81	2.53
2000	83	87	4.82
2001	88	93	5.68
2002	92	99	7.61
2003	97	106	9.28
2004	107	113	5.61
2005	137	121	11.68
2006	140	129	7.86
2007	146	138	5.48
2008	147	148	0.68
2009	157	158	0.64
2010	166	169	1.81

表 3 - 81　钦州市 2011 ~ 2020 年能源消耗量预测值

年份	2011	2012	2013	2014	2015	2016	2017	2018	2019	2020
能源消耗量(万吨标准煤)	180	193	206	220	235	251	269	287	307	328

(四) 建成区面积 (见图 3 - 90、表 3 - 82、表 3 - 83)

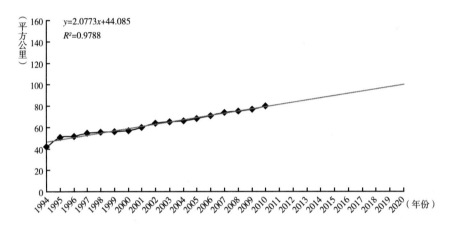

图 3 - 90　钦州市 1994 ~ 2010 年建成区面积增长曲线

表 3 - 82　1994 ~ 2010 年钦州市建成区面积实际值与趋势线预测值的相对误差

年份	建成区面积实际值(平方公里)	建成区面积预测值(平方公里)	相对误差(%)
1994	42	46	9.52
1995	51	48	5.88
1996	52	50	3.85
1997	55	52	5.45
1998	56	54	3.57
1999	56	57	1.79
2000	57	59	3.51
2001	60	61	1.67
2002	64	63	1.56
2003	65	65	0.00
2004	66	67	1.52
2005	68	69	1.47
2006	71	71	0.00

续表

年份	建成区面积实际值（平方公里）	建成区面积预测值（平方公里）	相对误差（%）
2007	74	73	1.35
2008	75	75	0.00
2009	77	77	0.00
2010	80	79	1.25

表 3 - 83　钦州市 2011～2020 年建成区面积预测值

年份	2011	2012	2013	2014	2015	2016	2017	2018	2019	2020
建成区面积（平方公里）	81	84	86	88	90	92	94	96	98	100

（五）趋势线预测结果汇总（见表 3 - 84）

表 3 - 84　钦州市 2011～2020 年城市规模预测值汇总（趋势线预测法）

年份	2011	2012	2013	2014	2015	2016	2017	2018	2019	2020
GDP（亿元）	219	245	273	305	341	380	424	473	528	590
年末常住人口（万人）	141	143	145	147	150	152	155	157	160	162
能源消耗量（万吨标准煤）	180	193	206	220	235	251	269	287	307	328
建成区面积（平方公里）	81	84	86	88	90	92	94	96	98	100

三　动力系统模型预测

（一）城市规模动力系统模型 I （见表 3 - 85）

表 3 - 85　钦州市（城市规模动力系统模型 I）Matlab 程序

```
load XQ
load DXQ
[b,bint,r,rint,stats] = regress([DXQ(1,:)]',[XQ(1:4,:);ones(1,16)]',0.05)
k1 = b(1);
k2 = b(2);
k3 = b(3);
```

```
k4 = b(4);
k5 = b(5);
[b,bint,r,rint,stats] = regress([DXQ(2,:)]',[XQ(1:4,:);ones(1,16)]',0.05)
w1 = b(1);
w2 = b(2);
w3 = b(3);
w4 = b(4);
w5 = b(5);
[b,bint,r,rint,stats] = regress([DXQ(3,:)]',[XQ(1:4,:);ones(1,16)]',0.05)
u1 = b(1);
u2 = b(2);
u3 = b(3);
u4 = b(4);
u5 = b(5);
[b,bint,r,rint,stats] = regress([DXQ(4,:)]',[XQ(1:4,:);ones(1,16)]',0.05)
v1 = b(1);
v2 = b(2);
v3 = b(3);
v4 = b(4);
v5 = b(5);
a = [k1 k2 k3 k4;...
     w1 w2 w3 w4;...
     u1 u2 u3 u4;...
     v1 v2 v3 v4];
b = [k5 w5 u5 v5]';
XQalance = - inv(a) * b
t = [1995:2020];
x0 = [37 110 63 45];
[t,x] = ode45('patientfun4',t,x0,odeset('RelTol',0.1,'AbsTol',0.001),...
k1,k2,k3,k4,k5,...
w1,w2,w3,w4,w5,...
u1,u2,u3,u4,u5,...
v1,v2,v3,v4,v5);
figure(1),plot(t,x(:,1),'-','linewidth',1.5)
figure(2),plot(t,x(:,2),'-','linewidth',1.5)
figure(3),plot(t,x(:,3),'-','linewidth',1.5)
figure(4),plot(t,x(:,4),'-','linewidth',1.5)
```

该模型的统计检验结果为:

$stats$ = 0.9728   98.4091   0.0000   2.9693(GDP)

$stats$ = 0.9860   193.0694   0.0000   0.0559(常住人口)

$stats$ = 0.6636　5.4239　0.0116　8.2788（能源消耗量）

$stats$ = 0.6333　4.7491　0.0180　0.9313（建成区面积）

$stats$ 等号后 4 个数值的统计意义依次是：相关系数 R^2、方差分析的 F 统计量、方差分析的显著性概率 p、方差的估计值。钦州市城市规模动力系统模型 I 只是勉强通过统计检验，运行结果显示城市规模的 4 个变量在 2013 年以后出现强烈振荡，如图 3–91 至图 3–94 所示。

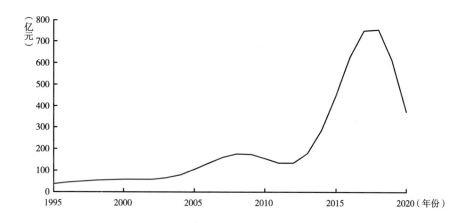

图 3–91　钦州市（城市规模动力系统模型 I）GDP 曲线

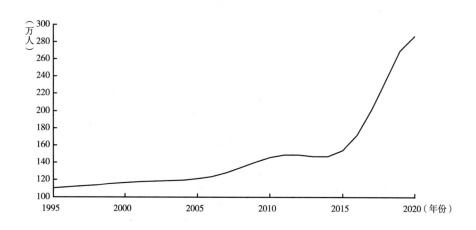

图 3–92　钦州市（城市规模动力系统模型 I）常住人口曲线

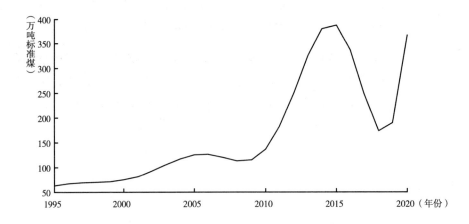

图 3 – 93 钦州市（城市规模动力系统模型Ⅰ）能源消耗曲线

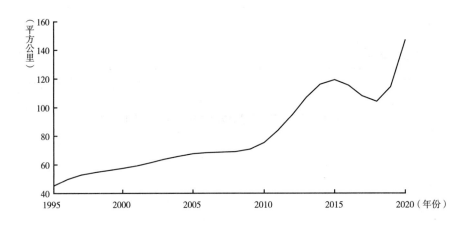

图 3 – 94 钦州市（城市规模动力系统模型Ⅰ）建成区面积曲线

（二）城市规模动力系统模型Ⅱ（见表 3 – 86）

表 3 – 86 钦州市（城市规模动力系统模型Ⅱ）Matlab 程序

```
load XQ
load DXQ
t0 = (1995:2010)
t = t0 - 1995
```

```
x1 = [t' XQ(1,:)']
x2 = [t' XQ(2,:)']
x3 = [t' XQ(3,:)']
x4 = [t' XQ(4,:)']
y1 = [t' XQ(5,:)']
y2 = [t' XQ(6,:)']
y3 = [t' XQ(7,:)']
y4 = [t' XQ(8,:)']
y5 = [t' XQ(9,:)']
y6 = [t' XQ(10,:)']
y7 = [t' XQ(11,:)']
y8 = [t' XQ(12,:)']
[b,bint,r,rint,stats] = regress([DXQ(1,:)']',[XQ;ones(1,16)]',0.05)
k1 = b(1);
k2 = b(2);
k3 = b(3);
k4 = b(4);
k5 = b(5);
k6 = b(6);
k7 = b(7);
k8 = b(8);
k9 = b(9);
k10 = b(10);
k11 = b(11);
k12 = b(12);
k13 = b(13);
[b,bint,r,rint,stats] = regress([DXQ(2,:)']',[XQ;ones(1,16)]',0.05)
w1 = b(1);
w2 = b(2);
w3 = b(3);
w4 = b(4);
w5 = b(5);
w6 = b(6);
w7 = b(7);
w8 = b(8);
w9 = b(9);
w10 = b(10);
w11 = b(11);
w12 = b(12);
w13 = b(13);
[b,bint,r,rint,stats] = regress([DXQ(3,:)']',[XQ;ones(1,16)]',0.05)
u1 = b(1);
```

```
u2 = b(2);
u3 = b(3);
u4 = b(4);
u5 = b(5);
u6 = b(6);
u7 = b(7);
u8 = b(8);
u9 = b(9);
u10 = b(10);
u11 = b(11);
u12 = b(12);
u13 = b(13);
[b,bint,r,rint,stats] = regress([DXQ(4,:)]',[XQ;ones(1,16)]',0.05)
v1 = b(1);
v2 = b(2);
v3 = b(3);
v4 = b(4);
v5 = b(5);
v6 = b(6);
v7 = b(7);
v8 = b(8);
v9 = b(9);
v10 = b(10);
v11 = b(11);
v12 = b(12);
v13 = b(13);
```

该模型的统计检验结果为：

$stats$ = 0.9987   194.7722   0.0005   0.5134(GDP)

$stats$ = 0.9977   109.0334   0.0013   0.0334(常住人口)

$stats$ = 0.9927   34.2065   0.0071   0.6546(能源消耗量)

$stats$ = 0.9905   25.9719   0.0106   0.0888(建成区面积)

$stats$ 等号后 4 个数值的统计意义依次是：相关系数 R^2、方差分析的 F 统计量、方差分析的显著性概率 p、方差的估计值。钦州市城市规模动力系统模型 Ⅱ 极好地通过了统计检验，预测结果显示系统出现有规律的周期性波动，如图 3 - 95 至图 3 - 98 所示。

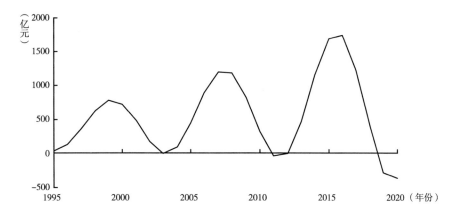

图 3 - 95　钦州市（城市规模动力系统模型 Ⅱ）GDP 曲线

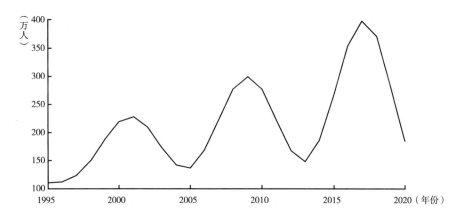

图 3 - 96　钦州市（城市规模动力系统模型 Ⅱ）常住人口曲线

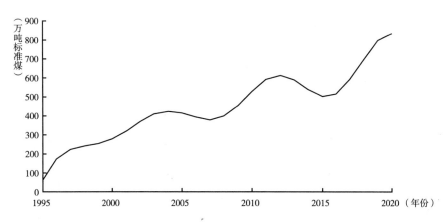

图 3 - 97　钦州市（城市规模动力系统模型 Ⅱ）能源消耗曲线

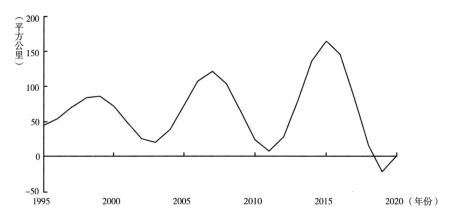

图 3 - 98　钦州市（城市规模动力系统模型Ⅱ）建成区面积曲线

（三）城市规模动力系统模型Ⅲ（见表 3 - 87）

表 3 - 87　钦州市（城市规模动力系统模型Ⅲ）Matlab 程序

```
load XQ
load DXQ
[b,bint,r,rint,stats] = regress([DXQ(1,:)]',[XQ;ones(1,16)]',0.05)
k1 = b(1);
k2 = b(2);
k3 = b(3);
k4 = b(4);
k5 = b(5);
k6 = b(6);
k7 = b(7);
k8 = b(8);
k9 = b(9);
k10 = b(10);
k11 = b(11);
k12 = b(12);
k13 = b(13);
[b,bint,r,rint,stats] = regress([DXQ(2,:)]',[XQ;ones(1,16)]',0.05)
w1 = b(1);
w2 = b(2);
w3 = b(3);
w4 = b(4);
w5 = b(5);
w6 = b(6);
w7 = b(7);
w8 = b(8);
w9 = b(9);
w10 = b(10);
w11 = b(11);
```

```
w12 = b(12);
w13 = b(13);
[b,bint,r,rint,stats] = regress([DXQ(3,:)]',[XQ;ones(1,16)]',0.05)
u1 = b(1);
u2 = b(2);
u3 = b(3);
u4 = b(4);
u5 = b(5);
u6 = b(6);
u7 = b(7);
u8 = b(8);
u9 = b(9);
u10 = b(10);
u11 = b(11);
u12 = b(12);
u13 = b(13);
[b,bint,r,rint,stats] = regress([DXQ(4,:)]',[XQ;ones(1,16)]',0.05)
v1 = b(1);
v2 = b(2);
v3 = b(3);
v4 = b(4);
v5 = b(5);
v6 = b(6);
v7 = b(7);
v8 = b(8);
v9 = b(9);
v10 = b(10);
v11 = b(11);
v12 = b(12);
v13 = b(13);
[b,bint,r,rint,stats] = regress([DXQ(5,:)]',[XQ;ones(1,16)]',0.05)
a1 = b(1);
a2 = b(2);
a3 = b(3);
a4 = b(4);
a5 = b(5);
a6 = b(6);
a7 = b(7);
a8 = b(8);
a9 = b(9);
a10 = b(10);
a11 = b(11);
a12 = b(12);
a13 = b(13);
[b,bint,r,rint,stats] = regress([DXQ(6,:)]',[XQ;ones(1,16)]',0.05)
b1 = b(1);
b2 = b(2);
b3 = b(3);
b4 = b(4);
```

```
b5 = b(5);
b6 = b(6);
b7 = b(7);
b8 = b(8);
b9 = b(9);
b10 = b(10);
b11 = b(11);
b12 = b(12);
b13 = b(13);
[b,bint,r,rint,stats] = regress([DXQ(7,:)]',[XQ;ones(1,16)]',0.05)
c1 = b(1);
c2 = b(2);
c3 = b(3);
c4 = b(4);
c5 = b(5);
c6 = b(6);
c7 = b(7);
c8 = b(8);
c9 = b(9);
c10 = b(10);
c11 = b(11);
c12 = b(12);
c13 = b(13);
[b,bint,r,rint,stats] = regress([DXQ(8,:)]',[XQ;ones(1,16)]',0.05)
d1 = b(1);
d2 = b(2);
d3 = b(3);
d4 = b(4);
d5 = b(5);
d6 = b(6);
d7 = b(7);
d8 = b(8);
d9 = b(9);
d10 = b(10);
d11 = b(11);
d12 = b(12);
d13 = b(13);
[b,bint,r,rint,stats] = regress([DXQ(9,:)]',[XQ;ones(1,16)]',0.05)
g1 = b(1);
g2 = b(2);
g3 = b(3);
g4 = b(4);
g5 = b(5);
g6 = b(6);
g7 = b(7);
g8 = b(8);
g9 = b(9);
g10 = b(10);
g11 = b(11);
```

```
g12 = b(12);
g13 = b(13);
[b,bint,r,rint,stats] = regress([DXQ(10,:)]',[XQ;ones(1,16)]',0.05)
h1 = b(1);
h2 = b(2);
h3 = b(3);
h4 = b(4);
h5 = b(5);
h6 = b(6);
h7 = b(7);
h8 = b(8);
h9 = b(9);
h10 = b(10);
h11 = b(11);
h12 = b(12);
h13 = b(13);
[b,bint,r,rint,stats] = regress([DXQ(11,:)]',[XQ;ones(1,16)]',0.05)
p1 = b(1);
p2 = b(2);
p3 = b(3);
p4 = b(4);
p5 = b(5);
p6 = b(6);
p7 = b(7);
p8 = b(8);
p9 = b(9);
p10 = b(10);
p11 = b(11);
p12 = b(12);
p13 = b(13);
[b,bint,r,rint,stats] = regress([DXQ(12,:)]',[XQ;ones(1,16)]',0.05)
q1 = b(1);
q2 = b(2);
q3 = b(3);
q4 = b(4);
q5 = b(5);
q6 = b(6);
q7 = b(7);
q8 = b(8);
q9 = b(9);
q10 = b(10);
q11 = b(11);
q12 = b(12);
q13 = b(13);
a = [k1 k2 k3 k4 k5 k6 k7 k8 k9 k10 k11 k12;...
    w1 w2 w3 w4 w5 w6 w7 w8 w9 w10 w11 w12;...
    u1 u2 u3 u4 u5 u6 u7 u8 u9 u10 u11 u12;...
    v1 v2 v3 v4 v5 v6 v7 v8 v9 v10 v11 v12;...
    a1 a2 a3 a4 a5 a6 a7 a8 a9 a10 a11 a12;...
```

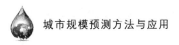

```
b1 b2 b3 b4 b5 b6 b7 b8 b9 b10 b11 b12;...
c1 c2 c3 c4 c5 c6 c7 c8 c9 c10 c11 c12;...
d1 d2 d3 d4 d5 d6 d7 d8 d9 d10 d11 d12;...
g1 g2 g3 g4 g5 g6 g7 g8 g9 g10 g11 g12;...
h1 h2 h3 h4 h5 h6 h7 h8 h9 h10 h11 h12;...
p1 p2 p3 p4 p5 p6 p7 p8 p9 p10 p11 p12;...
q1 q2 q3 q4 q5 q6 q7 q8 q9 q10 q11 q12];
b = [k13 w13 u13 v13 a13 b13 c13 d13 g13 h13 p13 q13]';
XQalance = - inv(a) * b
t = [1995:2020];
x0 = [37.42 109.98 62.98 45.34 0.21 0.41 0.17 0.08 0.35 0.02 0.01 1.19];
[t,x] = ode45('patientfunbeiyong',t,x0,odeset('RelTol',0.1,'AbsTol',0.001),...
k1,k2,k3,k4,k5,k6,k7,k8,k9,k10,k11,k12,k13,...
w1,w2,w3,w4,w5,w6,w7,w8,w9,w10,w11,w12,w13,...
u1,u2,u3,u4,u5,u6,u7,u8,u9,u10,u11,u12,u13,...
v1,v2,v3,v4,v5,v6,v7,v8,v9,v10,v11,v12,v13,...
a1,a2,a3,a4,a5,a6,a7,a8,a9,a10,a11,a12,a13,...
b1,b2,b3,b4,b5,b6,b7,b8,b9,b10,b11,b12,b13,...
c1,c2,c3,c4,c5,c6,c7,c8,c9,c10,c11,c12,c13,...
d1,d2,d3,d4,d5,d6,d7,d8,d9,d10,d11,d12,d13,...
g1,g2,g3,g4,g5,g6,g7,g8,g9,g10,g11,g12,g13,...
h1,h2,h3,h4,h5,h6,h7,h8,h9,h10,h11,h12,h13,...
p1,p2,p3,p4,p5,p6,p7,p8,p9,p10,p11,p12,p13,...
q1,q2,q3,q4,q5,q6,q7,q8,q9,q10,q11,q12,q13);
figure(1),plot(t,x(:,1),'-','linewidth',1.5)
figure(2),plot(t,x(:,2),'-','linewidth',1.5)
figure(3),plot(t,x(:,3),'-','linewidth',1.5)
figure(4),plot(t,x(:,4),'-','linewidth',1.5)
```

该模型的统计检验结果为：

$stats$ = 0.9987　194.7722　0.0005　0.5134(GDP)

$stats$ = 0.9977　109.0334　0.0013　0.0334(年末常住人口)

$stats$ = 0.9927　34.2065　0.0071　0.6546(能源消耗量)

$stats$ = 0.9905　25.9719　0.0106　0.0888(建成区面积)

$stats$ = 0.9938　40.2166　0.0056　0.0001(固定资产投资占地区生产总值比重)

$stats$ = 0.9985　169.9374　0.0007　0.0000(社会消费品零售总额占GDP比重)

$stats$ = 0.9706　8.2499　0.0542　0.0000(城镇从业人员占常住人口比重)

$stats$ = 0.9962　66.3002　0.0027　0.0000(工业用地占建成区面积比重)

$stats$ = 0.9985　168.7707　0.0007　0.0000(居住用地占建成区面积比重)

$stats$ = 0.9923　32.1676　0.0078　0.0000(工业用电占能源消耗量的比重)

$stats$ = 0.7585　0.7852　0.6723　0.0000(生活用电占能源消耗量的比重)

$stats$ = 0.9859　17.4756　0.0188　0.0001(居民人均收入占人均GDP比重)

stats 等号后 4 个数值的统计意义依次是：相关系数 R^2、方差分析的 F 统计量、方差分析的显著性概率 p、方差的估计值。钦州市城市规模动力系统模型 III 通过了统计检验，运行结果显示系统在 2013 年以后出现振荡，如图 3 – 99 至图 3 – 102 所示。

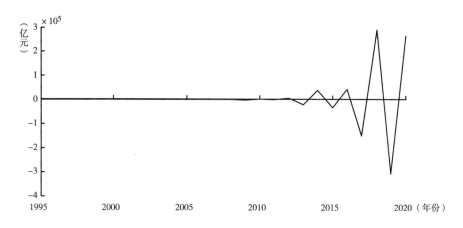

图 3 – 99　钦州市（城市规模动力系统模型 III）GDP 曲线

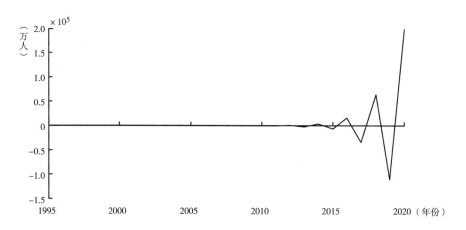

图 3 – 100　钦州市（城市规模动力系统模型 III）常住人口曲线

第五节　防城港市

这一节分别用增长率法、趋势线预测法、城市规模动力系统模型（I、

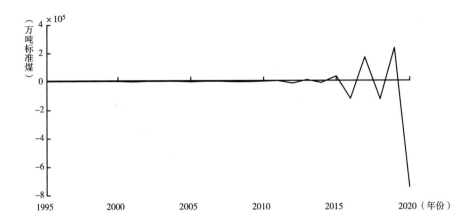

图 3 - 101　钦州市（城市规模动力系统模型Ⅲ）能源消耗曲线

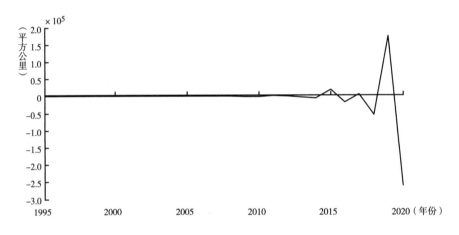

图 3 - 102　钦州市（城市规模动力系统模型Ⅲ）建成区面积曲线

Ⅱ、Ⅲ）预测防城港市的地区生产总值（GDP）、年末常住人口、能源消耗量、建成区面积，在第四章将对这三种方法的预测结果进行汇总及比较分析。由于增长率法、趋势线预测法只适用于中短期预测，所以这两种方法的预测时限是 2011～2020 年；动力系统模型适用于中长期预测，所以城市规模动力系统模型（Ⅰ、Ⅱ、Ⅲ）的预测时限是 2011～2050 年。限于篇幅，对于所有的预测结果，本书只显示 2011～2020 年的预测图形；同时，防城港市和南宁市的城市规模动力系统模型具有相同的结构，只是模型的参数不同，因为用于求参数的原始数据不一样（见表 3 - 52），所以在防城港市城市规模动力系统模型的构建、模型统计检验等方面就不再重复表述。

表 3－88　防城港市 1994～2010 年原始数据

指标 年份	1994	1995	1996	1997	1998	1999	2000	2001	2002
年末总人口（万人）	43.21	44.15	45.61	45.87	46.12	46.68	46.86	47.23	47.44
非农业人口	11.20	12.04	11.00	8.40	8.72	12.07	12.31	12.85	12.88
暂住人口（一个月以上）（万人）	0.52	0.53	0.54	0.55	0.57	0.59	0.57	0.75	0.66
年末城镇单位从业人员（万人）	3.25	3.31	3.37	3.41	3.56	3.64	3.72	3.81	3.36
城镇私营和个体从业人员（万人）	1.77	1.85	2.30	2.44	1.02	1.49	1.28	1.39	0.83
行政区域土地面积（平方公里）	3729	3440	3022	41	41	2822	2822	2822	2822
建成区面积	15.70	16.00	16.10	16.85	17.14	17.32	17.56	17.68	17.81
居住用地面积	5.00	6.80	7.20	7.30	7.31	7.35	7.38	7.43	7.46
公共设施用地面积	2.90	3.10	1.90	2.00	2.00			2.00	2.00
工业用地面积	1.00	1.70	1.72	1.73	1.74	1.80	1.90	2.00	2.00
地区生产总值（当年价，亿元）	20.40	25.76	22.24	30.39	33.97	35.68	37.32	41.81	45.18
人均地区生产总值（元）		4786	4827	6628	7342	7664	7994	8853	9543
地区生产总值增长率（%）	38.86	22.79	20.68	15.87	15.90	10.70	6.60	12.03	11.10
全年用电量（万千瓦时）	13974	17011	27013	21432	16752	17346	17631	19047	24725
工业用电	3914	6660	7207	10044	7097	7923	8220	8486	10600
居民生活用电	4354	4180	4308	4395	4929	5061	4910	4297	5036
社会消费品零售总额（亿元）	9	11	11	12	13	14	15	16	17
全社会固定资产投资总额（亿元）	9.09	11.53	5.31	5.67	6.73	4.80	10.62	12.09	9.67
城镇居民人均可支配收入（元）	3224	4177	4589	5122	5456	5591	6200	6661	7664
能源消耗量（万吨标准煤）	25.00	26.00	27.00	28.00	30.00	31.00	32.00	34.00	36.00

续表

指标＼年份	2003	2004	2005	2006	2007	2008	2009	2010
年末总人口（万人）	47.83	48.16	48.71	49.13	49.85	50.74	51.86	53.94
非农业人口	13.09	13.53	13.57	13.87	15.31	17.59		
暂住人口（一个月以上）（万人）	0.85	1.05	0.82	0.89	0.38	0.59	0.82	0.70
年末城镇单位从业人员（万人）	3.27	4.08	3.83	4.28	4.75	5.42	6.09	6.25
城镇私营和个体从业人员（万人）	1.45	1.63	1.61	1.54	1.77	2.62	2.44	3.94
行政区域土地面积（平方公里）	2822	2822	2822	3359	2822	2822	2818	2818
建成区面积	18.00	18.35	18.57	18.73	19.00	23.00	30.00	31.00
居住用地面积	7.51	7.53	7.55	7.58	7.61	7.65	7.68	8.00
公共设施用地面积	2.00	2.00	2.00	1.81	2.00	2.00	2.00	2.00
工业用地面积	2.00	2.00	2.00	2.00	2.00	2.00	2.00	2.00
地区生产总值（当年价，亿元）	48.92	58.24	66.23	82.30	111.50	151.86	184.20	232.90
人均地区生产总值（元）	10311	11136	13673	16824	22531	30920	36999	45751
地区生产总值增长率（%）	11.10	12.25	19.40	20.50	18.55	20.15	25.04	16.90
全年用电量（万千瓦时）	31069	39465	48364	74226	102597	111864	129224	147347
工业用电	13067	18979	23577	49987	77934	75330	95175	102938
居民生活用电	6320	4599	6298	7173	8516	14029	17013	24480
社会消费品零售总额（亿元）	11	12	14	16	19	24	28	32
全社会固定资产投资总额（亿元）	12.19	20.93	31.96	52.97	75.72	102.11	183.60	269.00
城镇居民人均可支配收入（元）	7833	5921	6938	9147	12387	15143	16877	18717
能源消耗量（万吨标准煤）	40.00	45	56	57	60	65.00	65.00	71.00

注：暂住人口指暂住1个月以上的人口。

一 增长率方法预测

（一）地区生产总值（见图 3 – 103、表 3 – 89）

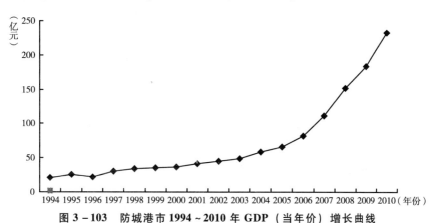

图 3 – 103 防城港市 1994 ~ 2010 年 GDP（当年价）增长曲线

表 3 – 89 防城港市各主要时期 GDP 名义增长率比较和判断

年份	规划期	GDP 名义增长（%）
1996 ~ 2010		17.0
1996 ~ 2000	"九五"	10.9
2001 ~ 2005	"十五"	9.6
2006 ~ 2010	"十一五"	23.1
2011 ~ 2015	"十二五"	17（预测）
2016 ~ 2020	"十三五"	15（预测）

（二）常住人口（见图 3 – 104、表 3 – 90）

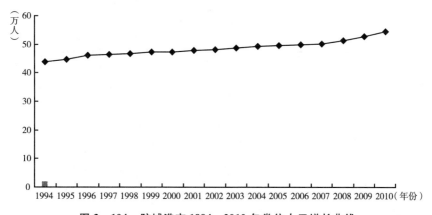

图 3 – 104 防城港市 1994 ~ 2010 年常住人口增长曲线

表 3 - 90　防城港市各主要时期常住人口增长率比较和判断

年份	规划期	增长率（%）
1996 ~ 2010		1.1
1996 ~ 2000	"九五"	0.5
2001 ~ 2005	"十五"	0.6
2006 ~ 2010	"十一五"	1.8
2011 ~ 2015	"十二五"	2.0（预测）
2016 ~ 2020	"十三五"	2.0（预测）

（三）能源消耗量（见图 3 - 105、表 3 - 91）

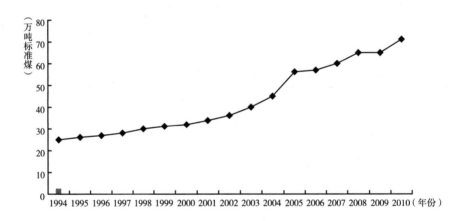

图 3 - 105　防城港市 1994 ~ 2010 年能源消耗量增长曲线

表 3 - 91　防城港市各主要时期能源消耗量增长率比较和判断

年份	规划期	增长率（%）
1996 ~ 2010		6.7
1996 ~ 2000	"九五"	3.5
2001 ~ 2005	"十五"	10.5
2006 ~ 2010	"十一五"	4.5
2011 ~ 2015	"十二五"	5.0（预测）
2016 ~ 2020	"十三五"	4.8（预测）

（四）建成区面积（见图 3 – 106、表 3 – 92）

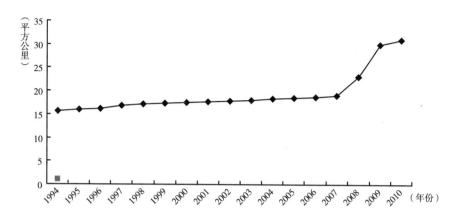

图 3 – 106　防城港市 1994 ~ 2010 年建成区面积增长曲线

表 3 – 92　防城港市各主要时期建成区面积增长率比较和判断

年份	规划期	增长率（%）
1996 ~ 2010		4.5
1996 ~ 2000	"九五"	1.8
2001 ~ 2005	"十五"	1.0
2006 ~ 2010	"十一五"	10.6
2011 ~ 2015	"十二五"	7.0（预测）
2016 ~ 2020	"十三五"	6.0（预测）

（五）增长率方法预测结果汇总（见表 3 – 93）

表 3 – 93　防城港市 2011 ~ 2020 年城市规模预测值（分阶段增长率方法）

年份	2011	2012	2013	2014	2015	2016	2017	2018	2019	2020
地区生产总值（当年价,亿元）	272	319	373	436	511	587	675	777	893	1027
年末常住人口（万人）	56	57	58	59	60	62	63	64	65	67
能源消耗量（万吨标准煤）	75	78	82	86	91	95	100	104	109	115
建成区面积（平方公里）	33	35	38	41	43	46	49	52	55	58

二　趋势线方法预测

（一）地区生产总值（见图 3 - 107、表 3 - 94、表 3 - 95）

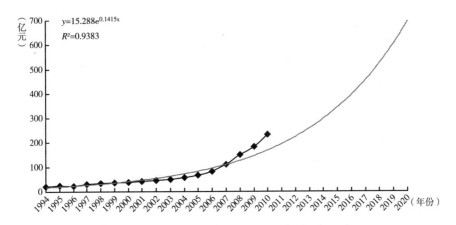

图 3 - 107　防城港市 1994 ~ 2020 年 GDP（当年价）增长曲线

表 3 - 94　1994 ~ 2010 年防城港市 GDP（当年价）实际值与趋势线预测值的相对误差

年份	GDP 实际值（亿元）	GDP 预测值（亿元）	相对误差（％）
1994	20	18	10.00
1995	26	20	23.08
1996	22	23	4.55
1997	30	27	10.00
1998	34	31	8.82
1999	36	36	0.00
2000	37	41	10.81
2001	42	47	11.90
2002	45	55	22.22
2003	49	63	28.57
2004	58	72	24.14
2005	66	84	27.27
2006	82	96	17.07
2007	112	111	0.89
2008	152	128	15.79
2009	184	147	20.11
2010	233	169	27.47

表 3 – 95　防城港市 2011 ~ 2020 年 GDP（当年价）预测值

年份	2011	2012	2013	2014	2015	2016	2017	2018	2019	2020
地区生产总值（亿元）	195	225	259	298	344	396	456	526	606	698

（二）年末常住人口（见图 3 – 108、表 3 – 96、表 3 – 97）

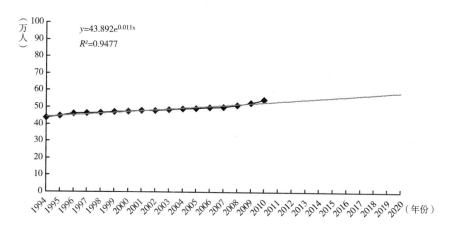

$y=43.892e^{0.011x}$

$R^2=0.9477$

图 3 – 108　防城港市 1994 ~ 2020 年年末常住人口增长曲线

表 3 – 96　1994 ~ 2010 年防城港市常住人口实际值与趋势线预测值的相对误差

年份	年末常住人口实际值（万人）	年末常住人口预测值（万人）	相对误差（%）
1994	44	44	0.00
1995	45	45	0.00
1996	46	45	2.17
1997	46	46	0.00
1998	47	46	2.13
1999	47	47	0.00
2000	47	47	0.00
2001	48	48	0.00
2002	48	48	0.00
2003	49	49	0.00
2004	49	50	2.04
2005	50	50	0.00
2006	50	51	2.00
2007	50	51	2.00
2008	51	52	1.96
2009	53	52	1.89
2010	55	53	3.64

表 3 - 97　防城港市 2011～2020 年年末常住人口预测值

年份	2011	2012	2013	2014	2015	2016	2017	2018	2019	2020
年末常住人口（万人）	54	54	55	55	56	57	57	58	58	59

（三）能源消耗量（见图 3 - 109、表 3 - 98、表 3 - 99）

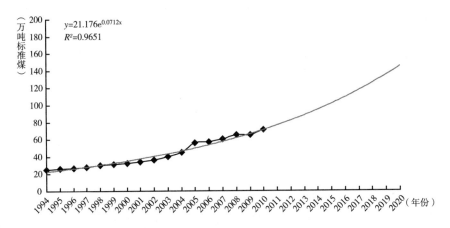

图 3 - 109　防城港市 1994～2020 年能源消耗量增长曲线

表 3 - 98　1994～2010 年防城港市能源消耗量实际值与趋势线预测值的相对误差

年份	能源消耗量实际值（万吨标准煤）	能源消耗量预测值（万吨标准煤）	相对误差（%）
1994	25	23	8.00
1995	26	24	7.69
1996	27	26	3.70
1997	28	28	0.00
1998	30	30	0.00
1999	31	32	3.23
2000	32	35	9.38
2001	34	37	8.82
2002	36	40	11.11
2003	40	43	7.50
2004	45	46	2.22
2005	56	50	10.71
2006	57	53	7.02
2007	60	57	5.00
2008	65	62	4.62
2009	65	66	1.54
2010	71	71	0.00

表 3 – 99　防城港市 2011~2020 年能源消耗量预测值

年份	2011	2012	2013	2014	2015	2016	2017	2018	2019	2020
能源消耗量（万吨标准煤）	76	82	88	94	101	109	117	126	135	145

（四）建成区面积（见图 3 – 110、表 3 – 100、表 3 – 101）

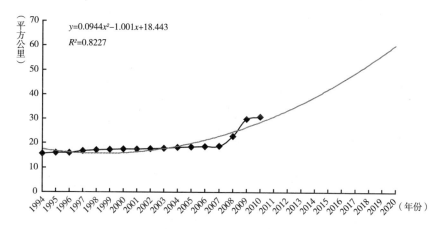

图 3 – 110　防城港市 1994~2020 年建成区面积增长曲线

表 3 – 100　1994~2010 年防城港市建成区面积实际值与趋势线预测值的相对误差

年份	建成区面积实际值（平方公里）	建成区面积预测值（平方公里）	相对误差（%）
1994	16	18	12.50
1995	16	17	6.25
1996	16	16	0.00
1997	17	16	5.88
1998	17	16	5.88
1999	17	16	5.88
2000	18	16	11.11
2001	18	16	11.11
2002	18	17	5.56
2003	18	18	0.00
2004	18	19	5.56
2005	19	20	5.26
2006	19	21	10.53

续表

年份	建成区面积实际值（平方公里）	建成区面积预测值（平方公里）	相对误差（%）
2007	19	23	21.05
2008	23	25	8.70
2009	30	27	10.00
2010	31	29	6.45

表 3 – 101　防城港市 2011～2020 年建成区面积预测值

年份	2011	2012	2013	2014	2015	2016	2017	2018	2019	2020
建成区面积（平方公里）	31	34	36	39	42	45	49	52	56	60

（五）趋势线预测结果汇总（见表 3 – 102）

表 3 – 102　防城港市 2011～2020 年城市规模预测值汇总（趋势线预测法）

年份	2011	2012	2013	2014	2015	2016	2017	2018	2019	2020
GDP（亿元）	195	225	259	298	344	396	456	526	606	698
年末常住人口（万人）	54	54	55	55	56	57	57	58	58	59
能源消耗量（万吨标准煤）	76	82	88	94	101	109	117	126	135	145
建成区面积（平方公里）	31	34	36	39	42	45	49	52	56	60

三　动力系统模型预测

（一）城市规模动力系统模型 I （见表 3 – 103）

表 3 – 103　防城港市（城市规模动力系统模型 I） Matlab 程序

```
load XF
load DXF
[b,bint,r,rint,stats] = regress([DXF(1,:)]′,[XF(1:4,:);ones(1,16)]′,0.05)
k1 = b(1);
k2 = b(2);
k3 = b(3);k4 = b(4);
k5 = b(5);
[b,bint,r,rint,stats] = regress([DXF(2,:)]′,[XF(1:4,:);ones(1,16)]′,0.05)
w1 = b(1);
w2 = b(2);
w3 = b(3);
w4 = b(4);
w5 = b(5);
```

```
[b,bint,r,rint,stats] = regress([DXF(3,:)]',[XF(1:4,:);ones(1,16)]',0.05)
u1 = b(1);
u2 = b(2);
u3 = b(3);
u4 = b(4);
u5 = b(5);
[b,bint,r,rint,stats] = regress([DXF(4,:)]',[XF(1:4,:);ones(1,16)]',0.05)
v1 = b(1);
v2 = b(2);
v3 = b(3);
v4 = b(4);
v5 = b(5);
a = [k1 k2 k3 k4;...
    w1 w2 w3 w4;...
    u1 u2 u3 u4;...
    v1 v2 v3 v4];
b = [k5 w5 u5 v5]';
XFalance = -inv(a)*b
t = [1995:2020];
x0 = [22 44 26 16];
[t,x] = ode45('patientfun4',t,x0,odeset('RelTol',0.1,'AbsTol',0.001),...
k1,k2,k3,k4,k5,...
w1,w2,w3,w4,w5,...
u1,u2,u3,u4,u5,...
v1,v2,v3,v4,v5);
figure(1),plot(t,x(:,1),'-','linewidth',1.5)
figure(2),plot(t,x(:,2),'-','linewidth',1.5)
figure(3),plot(t,x(:,3),'-','linewidth',1.5)
figure(4),plot(t,x(:,4),'-','linewidth',1.5)
```

该模型的统计检验结果为：

$$stats = 0.9957 \quad 642.2705 \quad 0.0000 \quad 1.2157\text{（GDP）}$$
$$stats = 0.9413 \quad 44.0949 \quad 0.0000 \quad 0.0168\text{（常住人口）}$$
$$stats = 0.7809 \quad 9.8027 \quad 0.0013 \quad 0.9875\text{（能源消耗量）}$$
$$stats = 0.8020 \quad 11.1395 \quad 0.0007 \quad 0.5662\text{（建成区面积）}$$

$stats$ 等号后 4 个数值的统计意义依次是：相关系数 R^2、方差分析的 F 统计量、方差分析的显著性概率 p、方差的估计值。防城港城市规模动力系统模型 I 通过了统计检验，预测效果良好，显示了增长受到限制的 S 形曲线，如图 3 - 111 至图 3 - 114 所示。

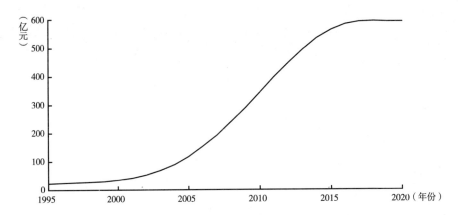

图 3-111 防城港市（城市规模动力系统模型 I ）GDP 曲线

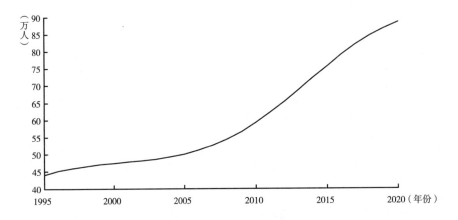

图 3-112 防城港市（城市规模动力系统模型 I ）常住人口曲线

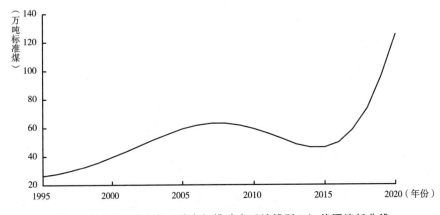

图 3-113 防城港市（城市规模动力系统模型 I ）能源消耗曲线

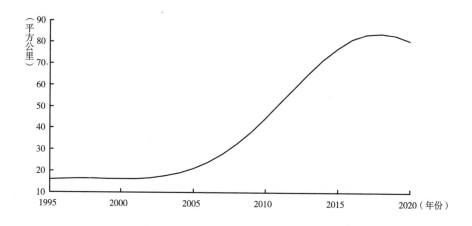

图 3 – 114 防城港市（城市规模动力系统模型 I） 建成区面积曲线

（二） 城市规模动力系统模型 II （见表 3 – 104）

表 3 – 104 防城港市（城市规模动力系统模型 II） Matlab 程序

```
load XF
load DXF
t0 = (1995:2010)
t = t0 - 1995
x1 = [t′ XF(1,:)′]
x2 = [t′ XF(2,:)′]
x3 = [t′ XF(3,:)′]
x4 = [t′ XF(4,:)′]
y1 = [t′ XF(5,:)′]
y2 = [t′ XF(6,:)′]
y3 = [t′ XF(7,:)′]
y4 = [t′ XF(8,:)′]
y5 = [t′ XF(9,:)′]
y6 = [t′ XF(10,:)′]
y7 = [t′ XF(11,:)′]
y8 = [t′ XF(12,:)′]
[b,bint,r,rint,stats] = regress([DXF(1,:)]′,[XF;ones(1,16)]′,0.05)
k1 = b(1);
k2 = b(2);
k3 = b(3);
k4 = b(4);
k5 = b(5);
```

```
k6 = b(6);
k7 = b(7);
k8 = b(8);
k9 = b(9);
k10 = b(10);
k11 = b(11);
k12 = b(12);
k13 = b(13);
[b,bint,r,rint,stats] = regress([DXF(2,:)]',[XF;ones(1,16)]',0.05)
w1 = b(1);
w2 = b(2);
w3 = b(3);
w4 = b(4);
w5 = b(5);
w6 = b(6);
w7 = b(7);
w8 = b(8);
w9 = b(9);
w10 = b(10);
w11 = b(11);
w12 = b(12);
w13 = b(13);
[b,bint,r,rint,stats] = regress([DXF(3,:)]',[XF;ones(1,16)]',0.05)
u1 = b(1);
u2 = b(2);
u3 = b(3);
u4 = b(4);
u5 = b(5);
u6 = b(6);
u7 = b(7);
u8 = b(8);
u9 = b(9);
u10 = b(10);
u11 = b(11);
u12 = b(12);
u13 = b(13);
[b,bint,r,rint,stats] = regress([DXF(4,:)]',[XF;ones(1,16)]',0.05)
v1 = b(1);
v2 = b(2);
v3 = b(3);
v4 = b(4);
v5 = b(5);
```

续表

v6 = b(6);
v7 = b(7);
v8 = b(8);
v9 = b(9);
v10 = b(10);
v11 = b(11);
v12 = b(12);
v13 = b(13);

该模型的统计检验结果为:

$$stats = 1.0000 \quad 1339.1350 \quad 0.0000 \quad 0.0000(GDP)$$
$$stats = 0.9996 \quad 627.0456 \quad 0.0001 \quad 0.0004(常住人口)$$
$$stats = 0.9971 \quad 84.9972 \quad 0.0018 \quad 0.0485(能源消耗量)$$
$$stats = 0.9996 \quad 570.1081 \quad 0.0001 \quad 0.0046(建成区面积)$$

$stats$ 等号后4个数值的统计意义依次是:相关系数 R^2、方差分析的 F 统计量、方差分析的显著性概率 p、方差的估计值。防城港市城市规模动力系统模型 II 极好地通过了统计检验,预测结果显示了增长受到限制的特征并有一定的波动,如图 3-115 至图 3-118 所示。

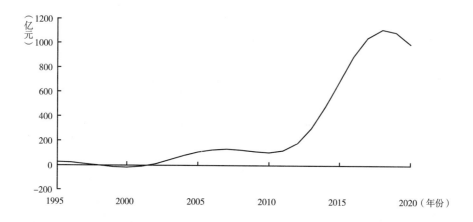

图 3-115 防城港市(城市规模动力系统模型 II)GDP 曲线

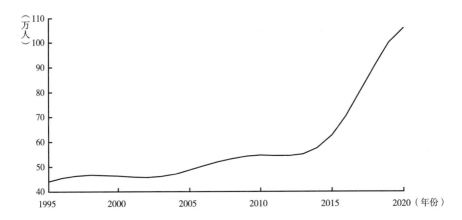

图 3 - 116　防城港市（城市规模动力系统模型Ⅱ）常住人口曲线

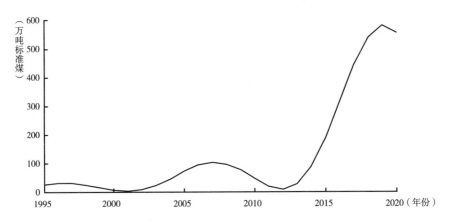

图 3 - 117　防城港市（城市规模动力系统模型Ⅱ）能源消耗曲线

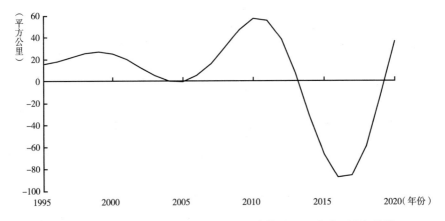

图 3 - 118　防城港市（城市规模动力系统模型Ⅱ）建成区面积曲线

（三）城市规模动力系统模型Ⅲ（见表 3 - 105）

表 3 - 105　防城港市（城市规模动力系统模型Ⅲ）Matlab 程序

```
load XF
load DXF
[ b,bint,r,rint,stats] = regress([ DXF(1,:) ]',[ XF;ones(1,16) ]',0.05)
k1 = b(1);
k2 = b(2);
k3 = b(3);
k4 = b(4);
k5 = b(5);
k6 = b(6);
k7 = b(7);
k8 = b(8);
k9 = b(9);
k10 = b(10);
k11 = b(11);
k12 = b(12);
k13 = b(13);
[ b,bint,r,rint,stats] = regress([ DXF(2,:) ]',[ XF;ones(1,16) ]',0.05)
w1 = b(1);
w2 = b(2);
w3 = b(3);
w4 = b(4);
w5 = b(5);
w6 = b(6);
w7 = b(7);
w8 = b(8);
w9 = b(9);
w10 = b(10);
w11 = b(11);
w12 = b(12);
w13 = b(13);
[ b,bint,r,rint,stats] = regress([ DXF(3,:) ]',[ XF;ones(1,16) ]',0.05)
u1 = b(1);
u2 = b(2);
u3 = b(3);
u4 = b(4);
u5 = b(5);
u6 = b(6);
u7 = b(7);
u8 = b(8);
u9 = b(9);
```

```
u10 = b(10);
u11 = b(11);
u12 = b(12);
u13 = b(13);
[b,bint,r,rint,stats] = regress([DXF(4,:)]',[XF;ones(1,16)]',0.05)
v1 = b(1);
v2 = b(2);
v3 = b(3);
v4 = b(4);
v5 = b(5);
v6 = b(6);
v7 = b(7);
v8 = b(8);
v9 = b(9);
v10 = b(10);
v11 = b(11);
v12 = b(12);
v13 = b(13);
[b,bint,r,rint,stats] = regress([DXF(5,:)]',[XF;ones(1,16)]',0.05)
a1 = b(1);
a2 = b(2);
a3 = b(3);
a4 = b(4);
a5 = b(5);
a6 = b(6);
a7 = b(7);
a8 = b(8);
a9 = b(9);
a10 = b(10);
a11 = b(11);
a12 = b(12);
a13 = b(13);
[b,bint,r,rint,stats] = regress([DXF(6,:)]',[XF;ones(1,16)]',0.05)
b1 = b(1);
b2 = b(2);
b3 = b(3);
b4 = b(4);
b5 = b(5);
b6 = b(6);
b7 = b(7);
b8 = b(8);
b9 = b(9);
b10 = b(10);
```

```
b11 = b(11);
b12 = b(12);
b13 = b(13);
[b,bint,r,rint,stats] = regress([DXF(7,:)]',[XF;ones(1,16)]',0.05)
c1 = b(1);
c2 = b(2);
c3 = b(3);
c4 = b(4);
c5 = b(5);
c6 = b(6);
c7 = b(7);
c8 = b(8);
c9 = b(9);
c10 = b(10);
c11 = b(11);
c12 = b(12);
c13 = b(13);
[b,bint,r,rint,stats] = regress([DXF(8,:)]',[XF;ones(1,16)]',0.05)
d1 = b(1);
d2 = b(2);
d3 = b(3);
d4 = b(4);
d5 = b(5);
d6 = b(6);
d7 = b(7);
d8 = b(8);
d9 = b(9);
d10 = b(10);
d11 = b(11);
d12 = b(12);
d13 = b(13);
[b,bint,r,rint,stats] = regress([DXF(9,:)]',[XF;ones(1,16)]',0.05)
g1 = b(1);
g2 = b(2);
g3 = b(3);
g4 = b(4);
g5 = b(5);
g6 = b(6);
g7 = b(7);
g8 = b(8);
g9 = b(9);
g10 = b(10);
g11 = b(11);
```

```
g12 = b(12);
g13 = b(13);
[b,bint,r,rint,stats] = regress([DXF(10,:)]',[XF;ones(1,16)]',0.05)
h1 = b(1);
h2 = b(2);
h3 = b(3);
h4 = b(4);
h5 = b(5);
h6 = b(6);
h7 = b(7);
h8 = b(8);
h9 = b(9);
h10 = b(10);
h11 = b(11);
h12 = b(12);
h13 = b(13);
[b,bint,r,rint,stats] = regress([DXF(11,:)]',[XF;ones(1,16)]',0.05)
p1 = b(1);
p2 = b(2);
p3 = b(3);
p4 = b(4);
p5 = b(5);
p6 = b(6);
p7 = b(7);
p8 = b(8);
p9 = b(9);
p10 = b(10);
p11 = b(11);
p12 = b(12);
p13 = b(13);
[b,bint,r,rint,stats] = regress([DXF(12,:)]',[XF;ones(1,16)]',0.05)
q1 = b(1);
q2 = b(2);
q3 = b(3);
q4 = b(4);
q5 = b(5);
q6 = b(6);
q7 = b(7);
q8 = b(8);
q9 = b(9);
q10 = b(10);
q11 = b(11);
q12 = b(12);
```

```
q13 = b(13);
a = [ k1 k2 k3 k4 k5 k6 k7 k8 k9 k10 k11 k12;...
    w1 w2 w3 w4 w5 w6 w7 w8 w9 w10 w11 w12;...
    u1 u2 u3 u4 u5 u6 u7 u8 u9 u10 u11 u12;...
    v1 v2 v3 v4 v5 v6 v7 v8 v9 v10 v11 v12;...
    a1 a2 a3 a4 a5 a6 a7 a8 a9 a10 a11 a12;...
    b1 b2 b3 b4 b5 b6 b7 b8 b9 b10 b11 b12;...
    c1 c2 c3 c4 c5 c6 c7 c8 c9 c10 c11 c12;...
    d1 d2 d3 d4 d5 d6 d7 d8 d9 d10 d11 d12;...
    g1 g2 g3 g4 g5 g6 g7 g8 g9 g10 g11 g12;...
    h1 h2 h3 h4 h5 h6 h7 h8 h9 h10 h11 h12;...
    p1 p2 p3 p4 p5 p6 p7 p8 p9 p10 p11 p12;...
    q1 q2 q3 q4 q5 q6 q7 q8 q9 q10 q11 q12];
b = [ k13 w13 u13 v13 a13 b13 c13 d13 g13 h13 p13 q13]';
XFalance = - inv(a) * b
t = [1995:2020];
x0 = [21.97 44.27 25.50 15.83 0.42 0.44 0.12 0.08 0.36 0.02 0.02 0.73];
[t,x] = ode45('patientfunbeiyong',t,x0,odeset('RelTol',0.1,'AbsTol',0.001)),...
    k1,k2,k3,k4,k5,k6,k7,k8,k9,k10,k11,k12,k13,...
    w1,w2,w3,w4,w5,w6,w7,w8,w9,w10,w11,w12,w13,...
    u1,u2,u3,u4,u5,u6,u7,u8,u9,u10,u11,u12,u13,...
    v1,v2,v3,v4,v5,v6,v7,v8,v9,v10,v11,v12,v13,...
    a1,a2,a3,a4,a5,a6,a7,a8,a9,a10,a11,a12,a13,...
    b1,b2,b3,b4,b5,b6,b7,b8,b9,b10,b11,b12,b13,...
    c1,c2,c3,c4,c5,c6,c7,c8,c9,c10,c11,c12,c13,...
    d1,d2,d3,d4,d5,d6,d7,d8,d9,d10,d11,d12,d13,...
    g1,g2,g3,g4,g5,g6,g7,g8,g9,g10,g11,g12,g13,...
    h1,h2,h3,h4,h5,h6,h7,h8,h9,h10,h11,h12,h13,...
    p1,p2,p3,p4,p5,p6,p7,p8,p9,p10,p11,p12,p13,...
    q1,q2,q3,q4,q5,q6,q7,q8,q9,q10,q11,q12,q13);
figure(1),plot(t,x(:,1),'-','linewidth',1.5)
figure(2),plot(t,x(:,2),'-','linewidth',1.5)
figure(3),plot(t,x(:,3),'-','linewidth',1.5)
figure(4),plot(t,x(:,4),'-','linewidth',1.5)
```

该模型的统计检验结果为：

$stats$ = 1.0000　1339.0　0.0000　0.0000(GDP)

$stats$ = 0.9996　627.0456 0.0001　0.0004(年末常住人口)

$stats$ = 0.9971　84.9972　0.0018　0.0485(能源消耗量)

$stats$ = 0.9996　570.1081 0.0001　0.0046(建成区面积)

$stats$ = 0.9981   130.1515 0.0010   0.0001（固定资产投资占地区生产总值比重）
$stats$ = 0.9946   46.2655 0.0045   0.0000（社会消费品零售总额占 GDP 比重）
$stats$ = 1.0000   2319.6   0.0000   0.0000（城镇从业人员占常住人口比重）
$stats$ = 1.0000   1364.2   0.0000   0.0000（工业用地占建成区面积比重）
$stats$ = 0.9986   179.7223 0.0006   0.0000（居住用地占建成区面积比重）
$stats$ = 0.9994   424.6203 0.0002   0.0000（工业用电占能源消耗量的比重）
$stats$ = 0.9985   166.7233 0.0007   0.0000（生活用电占能源消耗量的比重）
$stats$ = 0.9976   198.4891 0.0004   0.0000（居民人均收入占人均 GDP 比重）

$stats$ 等号后 4 个数值的统计意义依次是：相关系数 R^2、方差分析的 F 统计量、方差分析的显著性概率 p、方差的估计值。防城港市城市规模动力系统模型 III 极好地通过了统计检验，运行结果显示系统在 2013 年以后出现振荡，剧增或剧减，如图 3-119 至图 3-122 所示。

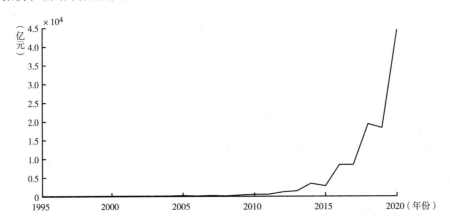

图 3-119 防城港市（城市规模动力系统模型Ⅲ）GDP 曲线

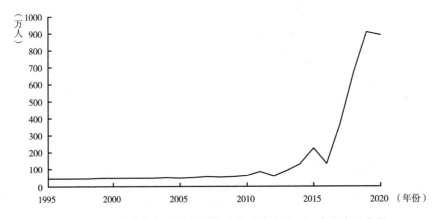

图 3-120 防城港市（城市规模动力系统模型Ⅲ）常住人口曲线

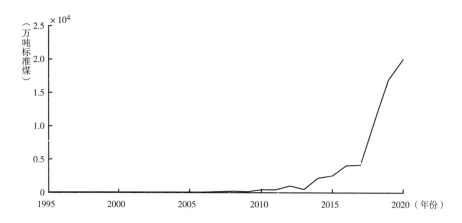

图 3 - 121　防城港市（城市规模动力系统模型Ⅲ）能源消耗曲线

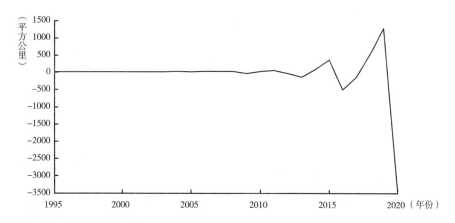

图 3 - 122　防城港市（城市规模动力系统模型Ⅲ）建成区面积曲线

第四章　政策仿真实验及综合分析

- 我们能否取得成功的关键在于我们是否能从解决问题时只见树木不见森林的做法中脱颖而出，将城市全局作为一个有机整体来研究。

　　　　　　　　　　　　　　——美国著名规划大师埃德曼·N. 培根

- 我们面临这样的矛盾，城市亟待大规模重组，而土地产权却支离破碎。

　　　　　　　　　　　　　　　　　　——《雅典宪章》第 93 条

- 为解决以上矛盾，我们迫切需要用相关的法律来规范土地利用的操作过程，以使个人的基本需求与公众需求之间达到和谐统一。

　　　　　　　　　　　　　　　　　　——《雅典宪章》第 94 条

　　从第三章的城市规模动力系统模型的运行结果来看，广西北部湾经济区城市群、南宁市、北海市、钦州市和防城港市的模型Ⅲ在 2015～2020 年出现异常的剧烈波动、急剧递增或下降。南宁市的模型Ⅰ、模型Ⅱ和模型Ⅲ均出现类似情况，钦州市则在模型Ⅰ出现了振幅不断增长的周期性波动。为什么在模型非常"优良"地通过统计检验后，模型的仿真运行会出现这样的异常情景？是否意味着过去的城市规模的发展模式不可持续，而且不可持续的逆转时期有可能发生在 2015～2020 年？为此，有必要对系统模型进行政策仿真实验，即改变模型参数和外生变量，对模型进行多种调试，以便找出问题的症结，从而梳理未来城市发展政策的着力点。由于受篇幅的限制,本节只列出广西北部湾经济区城市群模型I的政策仿真的分析,其结果对各市均具有指导意义。

第一节　模型参数调控

第一,增强经济和人口的互动政策仿真(把 w_1 由 -0.0683 改为 -0.070),如表4-1、图4-1至图4-4所示。

表4-1　广西北部湾经济区城市群模型 I 增强经济和
人口的互动政策仿真实验预测值

年份	地区生产总值 (当年价,亿元)	年末常住 人口(万人)	能源消耗量 (万吨标准煤)	建成区面积 (平方公里)	人均 GDP (元/人)	万元 GDP 能耗 (吨标准煤/ 万元)	人口密度 (人/ 平方公里)
2015	3137	666	658	603	47093	0.19	11052
2020	5161	1055	1009	986	48903	0.19	10700
2025	10292	1815	1609	1559	56707	0.15	11643
2030	18645	2601	2557	2633	71670	0.14	9878
2035	30129	4046	4284	4687	74462	0.16	8634
2040	52878	7681	7484	8038	68844	0.15	9556
2045	97957	13385	12842	13627	73186	0.14	9822
2050	168675	21296	21918	24003	79206	0.14	8872

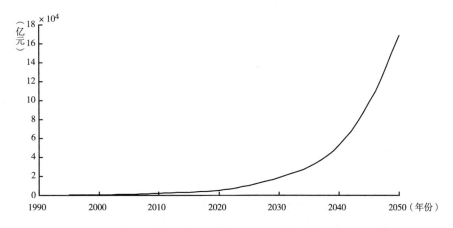

图4-1　广西北部湾经济区城市群(动力系统模型 I 增强人口和
经济的互动政策仿真)GDP 曲线

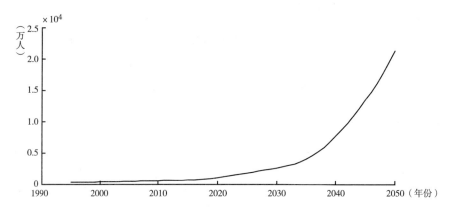

图 4 - 2　广西北部湾经济区城市群（动力系统模型 I 增强人口和
经济的互动政策仿真）常住人口曲线

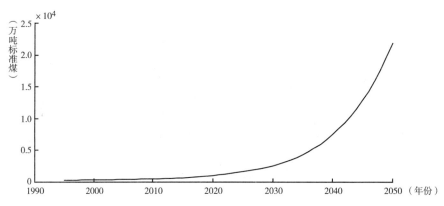

图 4 - 3　广西北部湾经济区城市群（动力系统模型 I 增强人口和
经济的互动政策仿真）能源消耗曲线

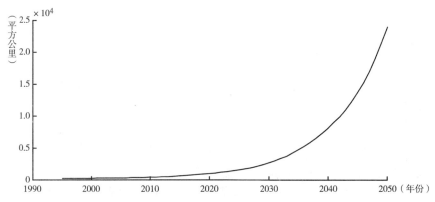

图 4 - 4　广西北部湾经济区城市群（动力系统模型 I 增强人口和
经济的互动政策仿真）建成区面积曲线

第二，减少能源消耗，提高能源利用效率政策仿真（把 u_1 由 -0.0180 改为 -0.0175），如表 4 - 2、图 4 - 5 至图 4 - 8 所示。

表 4 - 2 广西北部湾经济区城市群模型 I 减少能源消耗
政策仿真实验预测值

年份	地区生产总值（当年价,亿元）	年末常住人口（万人）	能源消耗量（万吨标准煤）	建成区面积（平方公里）	人均 GDP（元/人）	万元 GDP 能耗（吨标准煤/万元）	人口密度（人/平方公里）
2015	3316	695	675	613	47713	0.18	11348
2020	5554	1113	1049	1016	49917	0.18	10952
2025	11108	1941	1703	1633	57242	0.15	11883
2030	20453	2884	2763	2798	70924	0.14	10305
2035	33913	4585	4708	5049	73967	0.15	9081
2040	60165	8703	8347	8826	69130	0.15	9861
2045	112386	15520	14603	15241	72416	0.14	10183
2050	197953	25523	25404	27204	77560	0.14	9382

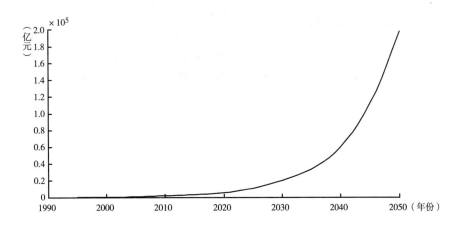

图 4 - 5 广西北部湾经济区城市群（动力系统模型 I 减少能源
消耗政策仿真）GDP 曲线

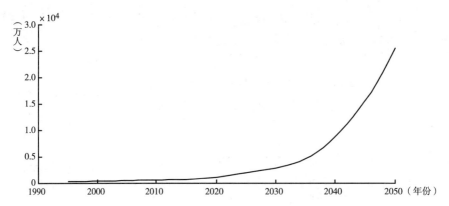

图4-6　广西北部湾经济区城市群（动力系统模型 I 减少能源
消耗政策仿真）常住人口曲线

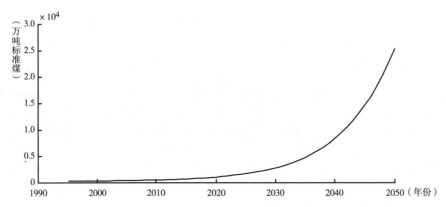

图4-7　广西北部湾经济区城市群（动力系统模型 I 减少能源
消耗政策仿真）能源消耗曲线

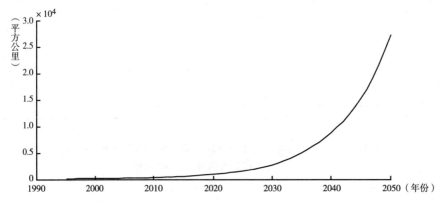

图4-8　广西北部湾经济区城市群（动力系统模型 I 减少能源
消耗政策仿真）建成区面积曲线

第三，减少土地利用，提高土地利用效率政策仿真（把 v_1 由 7.1971/10000 改为 5/10000），如表 4-3、图 4-9 至图 4-12 所示。

表 4-3 广西北部湾经济区城市群模型 I 减少土地利用
政策仿真实验预测值

年份	地区生产总值（当年价,亿元）	年末常住人口（万人）	能源消耗量（万吨标准煤）	建成区面积（平方公里）	人均 GDP（元/人）	万元 GDP 能耗（吨标准煤/万元）	人口密度（人/平方公里）
2015	2876	607	603	552	47369	0.19	11001
2020	4408	907	876	862	48573	0.20	10525
2025	8462	1505	1319	1277	56241	0.15	11779
2030	14741	1971	1940	2011	74781	0.14	9800
2035	21828	2689	2999	3392	81167	0.16	7928
2040	35296	4957	4930	5462	71206	0.15	9075
2045	63276	8343	7906	8522	75843	0.13	9790
2050	102664	11647	12391	14014	88147	0.14	8311

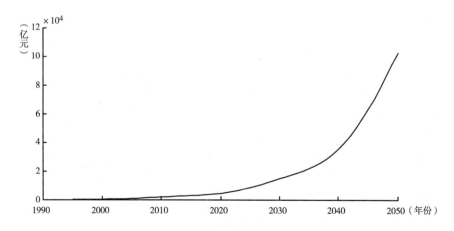

图 4-9 广西北部湾经济区城市群（动力系统模型 I 减少
土地利用政策仿真）GDP 曲线

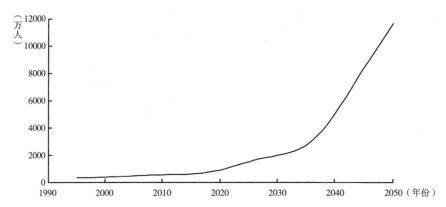

图 4 – 10　广西北部湾经济区城市群（动力系统模型 Ⅰ 减少
土地利用政策仿真）常住人口曲线

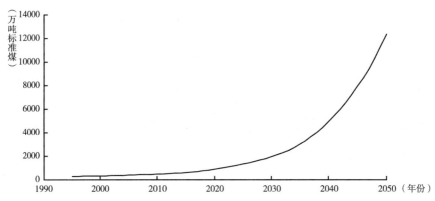

图 4 – 11　广西北部湾经济区城市群（动力系统模型 Ⅰ 减少
土地利用政策仿真）能源消耗曲线

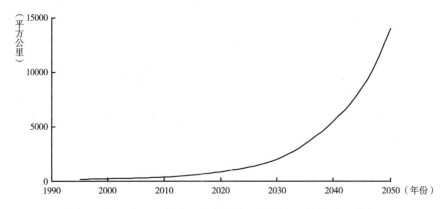

图 4 – 12　广西北部湾经济区城市群（动力系统模型 Ⅰ 减少
土地利用政策仿真）建成区面积曲线

第四，经济－人口－能源－土地政策组合仿真（把 w_1 由 -0.0683 改为 -0.07；把 u_1 由 -0.0180 改为 -0.0175；把 v_1 由 $7.1971/10000$ 改为 $5/10000$），如图 4 - 4、图 4 - 13 至图 4 - 16 所示。

表 4 - 4　广西北部湾经济区城市群模型 I 经济 - 人口 -

能源 - 土地政策组合仿真实验预测值

年份	地区生产总值（当年价,亿元）	年末常住人口（万人）	能源消耗量（万吨标准煤）	建成区面积（平方公里）	人均 GDP（元/人）	万元 GDP 能耗（吨标准煤/万元）	人口密度（人/平方公里）
2015	3521	801	723	621	43971	0.18	12889
2020	6239	1340	1170	1065	46572	0.17	12580
2025	12757	2416	1990	1796	52802	0.14	13451
2030	24330	3952	3431	3221	61564	0.13	12269
2035	43324	6852	6179	6041	63227	0.14	11342
2040	80835	13161	11456	11125	61420	0.14	11830
2045	155061	24543	21133	20365	63179	0.13	12052
2050	288074	44203	38968	38038	65170	0.13	11621

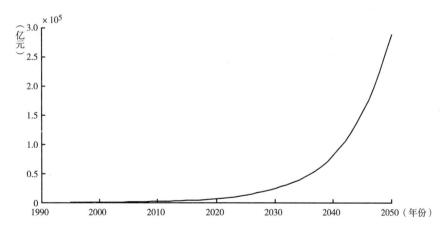

图 4 - 13　广西北部湾经济区城市群（动力系统模型 I 经济 - 人口 -

能源 - 土地政策组合仿真）GDP 曲线

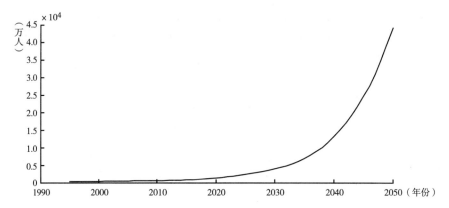

图 4 – 14　广西北部湾经济区城市群（动力系统模型 Ⅰ 经济 – 人口 –
能源 – 土地政策组合仿真）常住人口曲线

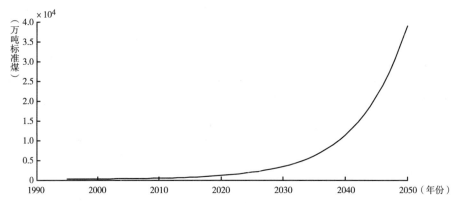

图 4 – 15　广西北部湾经济区城市群（动力系统模型 Ⅰ 经济 – 人口 –
能源 – 土地政策组合仿真）能源消耗曲线

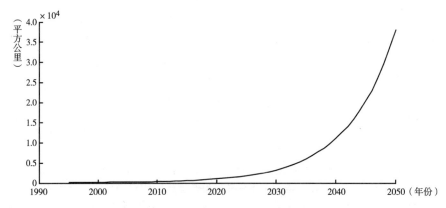

图 4 – 16　广西北部湾经济区城市群（动力系统模型 Ⅰ 经济 – 人口 –
能源 – 土地政策组合仿真）建成区面积曲线

　　第五，增加能源消耗的政策仿真（把 $u_1 = -0.0180$ 改为 -0.0190），如图 4-17 至图 4-20 所示。系统模型会发生激烈震荡，最终崩溃。这表明节能减排是当务之急，同时也揭示了城市规模系统和能源消耗之间的关系相当敏感，相当于社会学意义上的"蝴蝶效应"：一个不良的微小的机制，如果不及时地引导、调节，在未来会给社会带来非常大的危害。

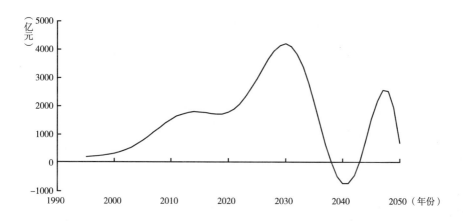

图 4-17　广西北部湾经济区城市群（动力系统模型 I 增加能源消耗的政策仿真）GDP 曲线

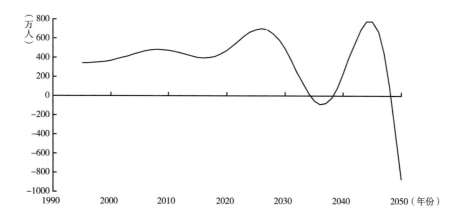

图 4-18　广西北部湾经济区城市群（动力系统模型 I 增加能源消耗的政策仿真）常住人口曲线

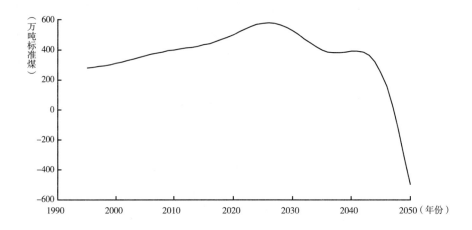

图 4-19　广西北部湾经济区城市群（动力系统模型 I 增加能源
消耗的政策仿真）能源消耗曲线

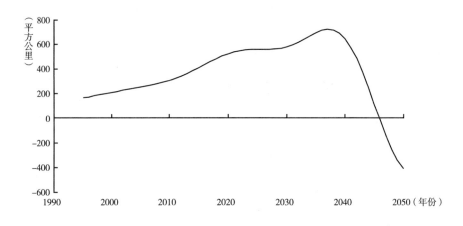

图 4-20　广西北部湾经济区城市群（动力系统模型 I 增加能源
消耗的政策仿真）建成区面积曲线

　　第六，增加土地消耗（把 $v_1 = 7.1971/10000$ 改为 $9.5/10000$）如图 4 - 21 至图 4 - 24 所示。相对于城市系统对能源消耗的高度敏感性，其对土地消耗没有那么敏感。有意思的是，模型运行结果表明增加土地消耗并不会带来经济总量的扩大。

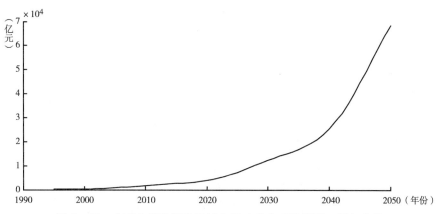

**图 4 − 21　广西北部湾经济区城市群（动力系统模型 I 增加土地
消耗政策仿真）GDP 曲线**

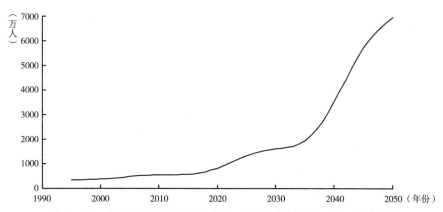

**图 4 − 22　广西北部湾经济区城市群（动力系统模型 I 增加土地消耗
政策仿真）常住人口曲线**

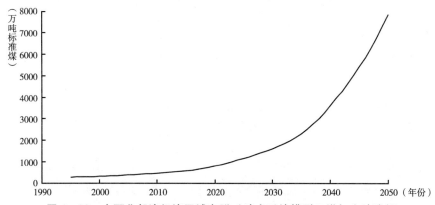

**图 4 − 23　广西北部湾经济区城市群（动力系统模型 I 增加土地消耗
政策仿真）能源消耗曲线**

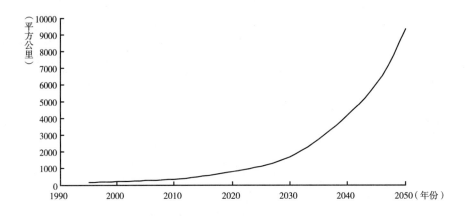

图 4 – 24　广西北部湾经济区城市群（动力系统模型 I 增加土地消耗政策仿真）建成区面积曲线

第七，动力系统模型 II 的参数调控，如图 4 – 25 至图 4 – 28 所示。对于模型 II 和模型 III 在 2015 年后出现剧烈波动的原因，本书试图通过调整模型参数，促使模型 II 和模型 III 的运行结果趋于合理化，但是经过多次调试，始终未能成功。考虑到模型 I 具有很好的运行结果，将模型 II 中状态变量的参数改为模型 I 中状态变量的参数，调试结果显示，变量在 2015 年后仍然有较强波动，但是波动的幅度减缓。

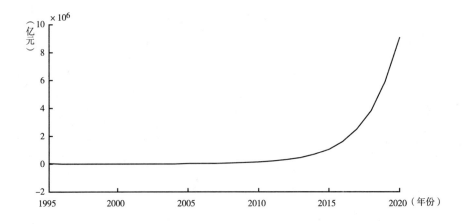

图 4 – 25　广西北部湾经济区城市群（动力系统模型 II 改变状态变量的参数后）GDP 曲线

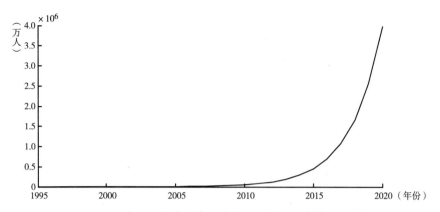

**图 4 - 26　广西北部湾经济区城市群（动力系统模型 II 改变
状态变量的参数后）常住人口曲线**

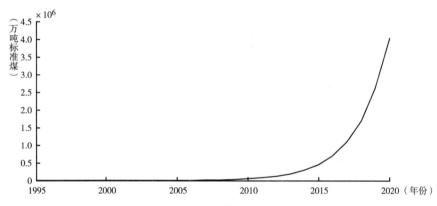

**图 4 - 27　广西北部湾经济区城市群（动力系统模型 II 改变
状态变量的参数后）能源消耗曲线**

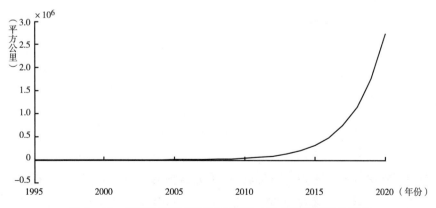

**图 4 - 28　广西北部湾经济区城市群（动力系统模型 II 改变
状态变量的参数后）建成区面积曲线**

第二节　外生变量调控

系统模型Ⅱ内部自动用趋势外推法测算，外生变量 y_1（固定资产投资占 GDP 比重）在 2015 年将达到 1.46，在 2020 年将达到 2.15。y_2（社会消费品零售总额占 GDP 比重）在 2015 年将达到 0.49，在 2020 年将达到 0.52。y_1 的发展趋势显然不合理。对 y_1 在 2010～2020 年的变化趋势进行调控，将其"控制"在 0.8 左右，并将 y_2 稍微调高，同时将另外的外生变量 y_3、y_4、y_5、y_6、y_7、y_8（城镇从业人员占常住人口比重、工业用地占建成区面积比重、居住用地占建成区面积比重、工业用电占能源消耗量比重、生活用电占能源消耗量比重、居民人均收入占人均 GDP 比重）按分阶段增长率法调节其在 2010～2020 年的数据，系统模型的运行结果显示：8 个外生变量的改变只对系统模型产生了些许影响，并没有改变系统模型各个状态变量的变化趋势。若将模型Ⅱ中状态变量的参数改为模型Ⅰ中状态变量的参数，调试结果显示：4 个状态变量在 2015 年后仍然有较强波动，但是波动的幅度减缓。限于篇幅，在此不显示其运行结果图。总之，外生变量的改变对系统模型的影响不大，而系统内部状态变量参数的改变对系统模型的影响较大。

第三节　综合结果、分析及结论

一　综合预测结果

综合第三章广西北部湾经济区的城市化进程预测以及各种方法预测结果，结合第四章的政策仿真实验，得出广西北部湾经济区城市群以及南宁、北海、钦州、防城港 4 个市的综合预测结果。预测结果分为两部分：一是中短期（2011～2020 年）；二是长期（2020～2050 年）。中短期预测由于综合考虑了广西北部湾经济区城市群发展的大背景，城市化所处的阶段，几种不同的预测方法以及未来 10 年可能的政策方向仿真，所以具有较强的科学参考价值。由于城市规模在 2020 年后的变化将涉及很多不确定因素，所以长期预测结果只能作为基本的参考。

（一）广西北部湾经济区城市群①

1. 经济规模

2020 年，广西北部湾经济区城市群的 GDP 将达到 7400 亿元左右，约是 2011 年（实际值为 2740 亿元）的 2.7 倍。人均 GDP 达到 80000 元左右，约是 2011 年（实际值为 43354 元）的 1.8 倍。"十三五"时期（2016～2020 年）经济平均增长 11.7%。2050 年，GDP 将达到 50000 亿元，约是 2011 年的 18 倍。人均 GDP 达到约 300000 元，约是 2011 年的 7 倍。

2. 人口规模

2020 年，广西北部湾经济区城市群（4 个城市之和）的常住人口将达到约 920 万人，约是 2011 年（实际值为 632 万人）的 1.5 倍，比 2011 年增加约 288 万人。2050 年常住人口达到 1500 万人，约是 2011 年的 2.5 倍。未来 40 年广西北部湾经济区城市群的城市常住人口将稳定在 1600 万人左右。

3. 能源消耗规模

2020 年，广西北部湾经济区城市群（4 个城市之和）的能源消耗将达到 1100 万吨标准煤，约是 2011 年（实际值为 587 万吨标准煤）的 2 倍。万元 GDP 能耗将降到 0.15 吨标准煤左右，比 2011 年（实际值为 0.21 吨标准煤/万元）减少约 0.06 吨标准煤。2050 年，能源消耗将达到 8500 万吨标准煤左右，约是 2011 年的 15 倍。万元 GDP 能耗将达到约 0.17 吨标准煤，比 2011 年减少约 0.04 吨标准煤。

4. 用地规模（建成区面积）

2020 年，广西北部湾经济区城市群（4 个城市之和）的建成区面积将达到 648 平方公里，约是 2011 年（实际值为 446 平方公里）的 1.5 倍。人口密度达到 14196 人/平方公里，与 2011 年（实际值为 14179 人/平方公里）基本持平。2050 年，建成区面积将达到 3500 平方公里，是 2011 年的 8 倍，人口密度为 4448 人/平方公里，仅为 2011 年的 0.3 倍。

（二）南宁市

1. 经济规模

2020 年，南宁市的 GDP 将达到 4300 亿元左右，约是 2011 年（实际值

---

① 南宁、北海、钦州、防城港 4 个城市之和，不包括市辖县区域。

为 1576 亿元）的 2.7 倍。人均 GDP 达到约 75000 元，约是 2011 年（实际值为 44773 元）的 1.7 倍。"十三五"时期（2016～2020 年）经济平均增长 12%。2050 年，GDP 将达到 31000 亿元，约是 2011 年的 19.8 倍。人均 GDP 达到约 345000 元，约是 2011 年的 7.7 倍。

2. 人口规模

2020 年，南宁市的常住人口将达到约 570 万人，约是 2011 年（实际值为 352 万人）的 1.6 倍，比 2011 年增加约 220 万人。2050 年常住人口达到 900 万人，约是 2011 年的 2.6 倍。

3. 能源消耗规模

2020 年，南宁市的能源消耗将达到 540 万吨标准煤，约是 2011 年（实际值为 170 万吨标准煤）的 3 倍。万元 GDP 能耗将降到 0.13 吨标准煤左右，比 2011 年（实际值为 0.11 吨标准煤/万元）增加约 0.02 吨标准煤。2050 年，能源消耗将达到 2800 万吨标准煤左右，约是 2011 年的 16.3 倍。万元 GDP 能耗将达到约 0.09 吨标准煤，比 2011 年减少约 0.02 吨标准煤。

4. 用地规模（建成区面积）

2020 年，南宁市的建成区面积将达到 390 平方公里，约是 2011 年（实际值为 293 平方公里）的 1.3 倍。人口密度达到 14718 人/平方公里，约是 2011 年（实际值为 12014 人/平方公里）的 1.2 倍。2050 年，建成区面积达到约 2100 平方公里，约是 2011 年的 7 倍，人口密度为 4371 人/平方公里，仅为 2011 年的 0.4 倍。

（三）北海市

1. 经济规模

2020 年，北海市的 GDP 将达到 1000 亿元左右，约是 2011 年（实际值为 346 亿元）的 2.9 倍。人均 GDP 达到 80000 元左右，约是 2011 年（实际值为 42716 元）的 1.9 倍。"十三五"时期（2016～2020 年）经济平均增长 12%。2050 年，GDP 将达到 7000 亿元，约是 2011 年的 20 倍。人均 GDP 达到约 215000 元，约是 2011 年的 5 倍。

2. 人口规模

2020 年，北海市的常住人口将达到约 120 万人，约是 2011 年（实际值为 81 万人）的 1.5 倍，比 2011 年增加约 39 万人。2050 年常住人口将达到

320 万人，约是 2011 年的 3.9 倍。

3. 能源消耗规模

2020 年，北海市的能源消耗将达到 250 万吨标准煤，约是 2011 年（实际值为 120 万吨标准煤）的 2.1 倍。万元 GDP 能耗将降到 0.25 吨标准煤左右，比 2011 年（实际值为 0.34 吨标准煤/万元）减少约 0.09 吨标准煤。2050 年，能源消耗将达到约 1900 万吨标准煤，约是 2011 年的 15.6 倍。万元 GDP 能耗将达到约 0.27 吨标准煤，比 2011 年减少约 0.07 吨标准煤。

4. 用地规模（建成区面积）

2020 年，北海市的建成区面积将达到 114 平方公里，约是 2011 年（实际值为 65 平方公里）的 1.8 倍。人口密度达到 10502 人/平方公里，约是 2011 年（实际值为 12462 人/平方公里）的 0.8 倍。2050 年，建成区面积达到约 700 平方公里，约是 2011 年的 11 倍，人口密度为 4447 人/平方公里，仅为 2011 年的 0.4 倍。

（四）钦州市

1. 经济规模

2020 年，钦州市的 GDP 将达到 1200 亿元左右，约是 2011 年（实际值为 505 亿元）的 2.3 倍。人均 GDP 达到 64000 元左右，约是 2011 年（实际值为 35069 元）的 1.8 倍。"十三五"时期（2016~2020 年）经济平均增长 11%。2050 年，GDP 将达到 7000 亿元，约是 2011 年的 13.7 倍。人均 GDP 达到约 257000 元，约是 2011 年的 7.3 倍。

2. 人口规模

2020 年，钦州市的常住人口将达到约 180 万人，约是 2011 年（实际值为 144 万人）的 1.3 倍，比 2011 年增加约 36 万人。2050 年常住人口达到 270 万人，约是 2011 年的 1.9 倍。

3. 能源消耗规模

2020 年，钦州市的能源消耗将达到 400 万吨标准煤，约是 2011 年（实际值为 220 万吨标准煤）的 1.8 倍。万元 GDP 能耗将降到 0.34 吨标准煤左右，比 2011 年（实际值为 0.44 吨标准煤/万元）减少约 0.1 吨标准煤。2050 年，能源消耗将达到 2100 万吨标准煤左右，约是 2011 年的 9.5

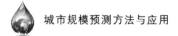

倍。万元 GDP 能耗将达到 0.31 吨标准煤左右，比 2011 年减少约 0.13 吨标准煤。

4. 用地规模（建成区面积）

2020 年，钦州市的建成区面积将达到 100 平方公里，约是 2011 年（实际值为 55 平方公里）的 1.9 倍。人口密度达到 17735 人/平方公里，约是 2011 年（实际值为 26182 人/平方公里）的 0.7 倍。2050 年，建成区面积达到约 534 平方公里，约是 2011 年的 9.7 倍，人口密度为 5040 人/平方公里，仅为 2011 年的 0.2 倍。

（五）防城港市

1. 经济规模

2020 年，防城港市的 GDP 将达到 800 亿元左右，约是 2011 年（实际值为 313 亿元）的 2.7 倍。人均 GDP 将达到 110000 元左右，约是 2011 年（实际值为 56909 元）的 2 倍。"十三五"时期（2016～2020 年）经济平均增长 11%。2050 年，GDP 将达到 5000 亿元，约是 2011 年的 15 倍。人均 GDP 达到约 340000 元，约是 2011 年的 6 倍。

2. 人口规模

2020 年，防城港市的常住人口将达到约 80 万人，约是 2011 年（实际值为 55 万人）的 1.4 倍，比 2011 年增加约 25 万人。2050 年常住人口将达到 140 万人，约是 2011 年的 2.6 倍。

3. 能源消耗规模

2020 年，防城港市的能源消耗将达到 180 万吨标准煤，约是 2011 年（实际值为 75 万吨标准煤）的 2.4 倍。万元 GDP 能耗将降到 0.21 吨标准煤左右，比 2011 年（实际值为 0.24 吨标准煤/万元）减少约 0.03 吨标准煤。2050 年，能源消耗将达到 1700 万吨标准煤左右，约是 2011 年的 22.6 倍。万元 GDP 能耗将达到 0.35 吨标准煤左右，比 2011 年增加了 0.11 吨标准煤。

4. 用地规模（建成区面积）

2020 年，防城港市的建成区面积将达到 65 平方公里，约是 2011 年（实际值为 33 平方公里）的 2 倍。人口密度达到 11649 人/平方公里，约是 2011 年（实际值为 16667 人/平方公里）的 0.7 倍。2050 年，建成区面积将达到约 285 平方公里，约是 2011 年的 8.6 倍，人口密度为 5003 人/平方公里，仅为 2011 年的 0.3 倍。

（六）广西北部湾经济区城市规模（2011～2020 年）预测

表 4-5 至表 4-9 中，地区生产总值为当年价，常住人口指户籍人口加上暂住一个月以上的人口。政策组合指系统模型 I 经济-人口-能源-土地政策仿真运行结果；综合加权平均结果指分别对增长率法、趋势线法、系统模型 I、系统模型 I（经济-人口-能源-土地政策仿真）赋予一定权重的加权平均值，同时综合考虑未来发展的大背景及趋势，尤其是各个状态变量的增长率及均值的变化趋势，对预测值进行了一定的调控。

表 4-5　南宁市城市规模中短期（2011～2020 年）预测

方法	指标	2011	2012	2013	2014	2015	2016	2017	2018	2019	2020
增长率法	地区生产总值(亿元)	1500	1724	1983	2281	2623	2990	3408	3886	4430	5050
	年末常住人口(万人)	362	380	399	419	440	463	487	513	539	567
	能源消耗量(万吨标准煤)	183	190	198	206	214	222	229	237	246	254
	建成区面积(平方公里)	228	242	256	271	288	302	317	333	350	367
	人均 GDP(元/人)	40984	44433	48248	52437	56775	61396	66304	71697	77448	83748
	万元 GDP 能耗(吨标准煤/万元)	0.12	0.11	0.10	0.09	0.08	0.07	0.07	0.06	0.06	0.05
	人口密度(人/平方公里)	16053	16033	16055	16052	16042	16126	16215	16276	16343	16431
趋势线法	地区生产总值(亿元)	1349	1580	1851	2169	2541	2977	3487	4085	4786	5607
	年末常住人口(万人)	396	432	471	512	555	601	649	700	753	808
	能源消耗量(万吨标准煤)	181	189	198	208	218	228	240	252	264	277
	建成区面积(平方公里)	230	246	263	282	302	323	346	370	397	425
	人均 GDP(元/人)	34066	36574	39299	42363	45784	49534	53729	58357	63559	69394
	万元 GDP 能耗(吨标准煤/万元)	0.13	0.12	0.11	0.10	0.09	0.08	0.07	0.06	0.06	0.05
	人口密度(人/平方公里)	17217	17561	17909	18156	18377	18607	18757	18919	18967	19012

续表

方法	指标	2011	2012	2013	2014	2015	2016	2017	2018	2019	2020
模型I政策组合	地区生产总值(亿元)	1425	1652	1917	2225	2582	2984	3448	3986	4608	5329
	年末常住人口(万人)	359	376	395	416	448	482	498	517	546	558
	能源消耗量(万吨标准煤)	182	190	198	207	216	225	235	245	255	266
	建成区面积(平方公里)	229	244	260	277	295	313	332	352	374	396
	人均GDP(元/人)	39680	43936	48532	53550	57698	61898	69227	77164	84396	95578
	万元GDP能耗(吨标准煤/万元)	0.13	0.11	0.10	0.09	0.08	0.08	0.07	0.06	0.06	0.05
	人口密度(人/平方公里)	15677	15410	15222	15027	15169	15424	15023	14694	14618	14078
综合加权平均	地区生产总值(亿元)	1440	1666	1930	2236	2461	2746	3096	3490	3887	4324
	年末常住人口(万人)	362	381	401	422	450	479	501	524	553	574
	能源消耗量(万吨标准煤)	182	227	253	282	302	333	385	421	459	542
	建成区面积(平方公里)	229	244	259	275	294	310	329	348	369	390
	人均GDP(元/人)	39746	43783	48183	53003	54743	57280	61839	66585	70256	75286
	万元GDP能耗(吨标准煤/万元)	0.13	0.14	0.13	0.13	0.12	0.12	0.12	0.12	0.12	0.13
	人口密度(人/平方公里)	15830	15624	15479	15320	15310	15445	15234	15069	15000	14718
	地区生产总值增长率(%)	—	15.8	15.8	15.9	10.0	11.6	12.7	12.7	11.4	11.2
	年末常住人口增长率(%)	—	5.1	5.3	5.3	6.5	6.7	4.4	4.7	5.6	3.8
	能源消耗量增长率(%)	—	24.9	11.5	11.1	7.4	10.1	15.5	9.4	9.1	18.0
	建成区面积增长率(%)	—	6.5	6.2	6.4	6.6	5.7	5.9	5.8	6.0	5.8

表4-6 北海市城市规模中短期（2011~2020年）预测

方法	指标	2011	2012	2013	2014	2015	2016	2017	2018	2019	2020
增长率法	地区生产总值(亿元)	307	356	413	479	556	639	735	845	972	1118
	年末常住人口(万人)	81	84	87	91	94	98	102	107	111	116
	能源消耗量(万吨标准煤)	87	89	92	95	97	100	102	105	107	110
	建成区面积(平方公里)	59	63	67	72	77	81	85	89	94	98
	人均GDP(元/人)	27411	21840	17500	13965	11187	12360	13687	15116	16730	18510
	万元GDP能耗(吨标准煤/万元)	0.28	0.25	0.22	0.20	0.17	0.16	0.14	0.12	0.11	0.10
	人口密度(人/平方公里)	18983	25873	35224	47639	64545	63827	63176	62809	61809	61633

方法	指标	2011	2012	2013	2014	2015	2016	2017	2018	2019	2020
趋势线法	地区生产总值(亿元)	241	269	300	335	374	417	465	519	580	647
	年末常住人口(万人)	81	85	89	93	98	103	108	113	118	124
	能源消耗量(万吨标准煤)	80	81	82	84	85	87	88	89	91	92
	建成区面积(平方公里)	56	59	63	68	72	77	82	88	93	99
	人均GDP(元/人)	29753	31647	33708	36022	38163	40485	43056	45929	49153	52177
	万元GDP能耗(吨标准煤/万元)	0.33	0.30	0.27	0.25	0.23	0.21	0.19	0.17	0.16	0.14
	人口密度(人/平方公里)	14464	14407	14127	13676	13611	13377	13171	12841	12688	12525
模型I政策组合	地区生产总值(亿元)	384	438	499	570	651	739	840	955	1086	1236
	年末常住人口(万人)	85	89	92	106	110	116	121	127	132	138
	能源消耗量(万吨标准煤)	125	128	131	152	155	159	162	165	168	172
	建成区面积(平方公里)	69	61	65	70	75	79	84	89	94	99
	人均GDP(元/人)	45103	49310	54015	53856	58967	63958	69565	75478	82506	89529
	万元GDP能耗(吨标准煤/万元)	0.33	0.29	0.26	0.27	0.24	0.22	0.19	0.17	0.15	0.14
	人口密度(人/平方公里)	12326	14545	14215	15114	14819	14630	14461	14294	14083	14010
综合加权平均	地区生产总值(亿元)	339	388	445	510	574	627	692	781	881	994
	年末常住人口(万人)	81	85	88	92	96	101	105	110	115	120
	能源消耗量(万吨标准煤)	90	119	122	140	149	176	186	198	210	246
	建成区面积(平方公里)	67	71	75	81	86	92	97	103	108	114
	人均GDP(元/人)	41815	45923	50540	55435	59749	62377	65910	70961	76952	82841
	万元GDP能耗(吨标准煤/万元)	0.27	0.31	0.27	0.27	0.26	0.28	0.27	0.25	0.24	0.25
	人口密度(人/平方公里)	12144	11942	11671	11330	11109	10967	10840	10715	10557	10502
综合加权平均	地区生产总值增长率(%)	—	14.6	14.6	14.7	12.5	9.3	10.4	12.8	12.9	12.8
	年末常住人口增长率(%)	—	4.3	4.1	4.5	4.3	4.7	4.5	4.8	4.1	4.8
	能源消耗量增长率(%)	—	32.0	2.4	14.6	6.9	17.8	5.9	6.3	6.1	17.4
	建成区面积增长率(%)	—	6.1	6.6	7.7	6.4	6.0	5.7	6.0	5.6	5.3

表 4 – 7 钦州市城市规模中短期（2011～2020 年）预测

方法	指标	2011	2012	2013	2014	2015	2016	2017	2018	2019	2020
增长率法	地区生产总值(亿元)	225	249	275	304	336	370	407	447	492	541
	年末常住人口(万人)	151	155	159	164	168	173	177	181	186	190
	能源消耗量(万吨标准煤)	172	178	184	190	197	203	210	217	224	231
	建成区面积(平方公里)	82	85	87	89	92	94	97	99	102	104
	人均 GDP(元/人)	14901	16065	17296	18537	20000	21387	22994	24696	26452	28474
	万元 GDP 能耗(吨标准煤/万元)	0.76	0.71	0.67	0.63	0.59	0.55	0.52	0.49	0.46	0.43
	人口密度(人/平方公里)	18415	18235	18276	18427	18261	18404	18247	18283	18235	18269
趋势线法	地区生产总值(亿元)	219	245	273	305	341	380	424	473	528	590
	年末常住人口(万人)	141	143	145	147	150	152	155	157	160	162
	能源消耗量(万吨标准煤)	180	193	206	220	235	251	269	287	307	328
	建成区面积(平方公里)	81	84	86	88	90	92	94	96	98	100
	人均 GDP(元/人)	15532	17133	18828	20748	22733	25000	27355	30127	33000	36420
	万元 GDP 能耗(吨标准煤/万元)	0.82	0.79	0.75	0.72	0.69	0.66	0.63	0.61	0.58	0.56
	人口密度(人/平方公里)	17407	17024	16860	16705	16667	16522	16489	16354	16327	16200
模型I政策组合	地区生产总值(亿元)	477	531	589	655	728	806	893	989	1097	1216
	年末常住人口(万人)	183	186	190	194	199	203	208	211	216	220
	能源消耗量(万吨标准煤)	176	186	195	205	216	227	240	252	266	280
	建成区面积(平方公里)	82	85	87	89	91	93	96	98	100	102
	人均 GDP(元/人)	26153	28513	31005	33681	36618	39692	43052	46817	50705	55265
	万元 GDP 能耗(吨标准煤/万元)	0.37	0.35	0.33	0.31	0.30	0.28	0.27	0.25	0.24	0.23
	人口密度(人/平方公里)	22393	22041	21965	21963	21841	21841	21728	21667	21625	21569

续表

方法	指标	2011	2012	2013	2014	2015	2016	2017	2018	2019	2020
综合加权平均	地区生产总值(亿元)	452	503	558	620	689	763	846	936	1038	1151
	年末常住人口(万人)	148	151	154	158	162	166	170	173	178	181
	能源消耗量(万吨标准煤)	177	192	208	230	243	257	296	326	358	392
	建成区面积(平方公里)	82	85	87	89	91	93	96	98	100	102
	人均GDP(元/人)	30577	33266	36102	39101	42482	45923	49782	54047	58454	63615
	万元GDP能耗(吨标准煤/万元)	0.39	0.38	0.37	0.37	0.35	0.34	0.35	0.35	0.34	0.34
	人口密度(人/平方公里)	18129	17882	17855	17907	17819	17868	17785	17764	17755	17735
	地区生产总值增长率(%)	—	11.3	10.9	11.1	11.2	10.8	10.8	10.7	10.9	10.9
	年末常住人口增长率(%)	—	2.3	2.2	2.6	2.3	2.5	2.2	2.0	2.5	1.9
	能源消耗量增长率(%)	—	8.6	8.1	10.6	5.8	5.6	15.3	9.9	9.9	9.6
	建成区面积增长率(%)	—	3.7	2.4	2.3	2.8	2.2	2.7	2.1	2.6	2.0

表4-8 防城港市城市规模中短期(2011~2020年)预测

方法	指标	2011	2012	2013	2014	2015	2016	2017	2018	2019	2020
增长率法	地区生产总值(亿元)	272	319	373	436	511	587	675	777	893	1027
	年末常住人口(万人)	56	57	58	59	60	62	63	64	65	67
	能源消耗量(万吨标准煤)	75	78	82	86	91	95	100	104	109	115
	建成区面积(平方公里)	33	35	38	41	43	46	49	52	55	58
	人均GDP(元/人)	48571	55965	64310	73898	85167	94677	107143	121406	137385	153284
	万元GDP能耗(吨标准煤/万元)	0.28	0.24	0.22	0.20	0.18	0.16	0.15	0.13	0.12	0.11
	人口密度(人/平方公里)	16970	16286	15263	14390	13953	13478	12857	12308	11818	11552

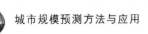

续表

方法	指标	2011	2012	2013	2014	2015	2016	2017	2018	2019	2020
趋势线法	地区生产总值（亿元）	195	225	259	298	344	396	456	526	606	698
	年末常住人口（万人）	54	54	55	55	56	57	57	58	58	59
	能源消耗量（万吨标准煤）	76	82	88	94	101	109	117	126	135	145
	建成区面积（平方公里）	31	34	36	39	42	45	49	52	56	60
	人均GDP（元/人）	36111	41667	47091	54182	61429	69474	80000	90690	104483	118305
	万元GDP能耗（吨标准煤/万元）	0.39	0.36	0.34	0.32	0.29	0.28	0.26	0.24	0.22	0.21
	人口密度（人/平方公里）	17419	15882	15278	14103	13333	12667	11633	11154	10357	9833
模型Ⅰ政策组合	地区生产总值（亿元）	327	381	442	514	599	688	792	912	1049	1208
	年末常住人口（万人）	58	58	59	60	61	68	69	70	71	72
	能源消耗量（万吨标准煤）	76	80	85	104	110	117	136	132	140	150
	建成区面积（平方公里）	32	35	37	46	49	52	56	65	69	74
	人均GDP（元/人）	56606	65345	74572	85848	98276	100563	114739	130021	148363	166667
	万元GDP能耗（吨标准煤/万元）	0.23	0.21	0.19	0.20	0.18	0.17	0.17	0.14	0.13	0.12
	人口密度（人/平方公里）	18047	16891	16034	13011	12460	13077	12245	10792	10195	9824
综合加权平均	地区生产总值（亿元）	313	356	400	448	504	560	622	692	774	857
	年末常住人口（万人）	57	62	63	64	65	71	72	73	74	76
	能源消耗量（万吨标准煤）	76	93	105	119	134	143	152	161	171	182
	建成区面积（平方公里）	32	35	37	42	45	48	52	57	61	65
	人均GDP（元/人）	54781	57234	63142	70201	77540	78436	86431	94484	104868	113351
	万元GDP能耗（吨标准煤/万元）	0.24	0.26	0.26	0.27	0.27	0.25	0.24	0.23	0.22	0.21
	人口密度（人/平方公里）	17875	18017	17103	15057	14420	14804	13862	12797	12088	11649

续表

方法	指标	2011	2012	2013	2014	2015	2016	2017	2018	2019	2020
综合加权平均	地区生产总值增长率（%）	—	13.5	12.3	12.2	12.4	11.2	11.1	11.1	11.9	10.7
	年末常住人口增长率（%）	—	8.7	1.8	0.9	1.8	9.9	0.8	1.7	0.8	2.4
	能源消耗量增长率（%）	—	22.9	13.6	12.7	13.1	6.3	6.4	6.0	6.1	6.6
	建成区面积增长率（%）	—	7.8	7.2	14.6	6.3	7.1	7.7	10.1	6.7	6.3

表 4 – 9 广西北部湾经济区城市群城市规模中短期（2011～2020 年）预测

方法	指标	2011	2012	2013	2014	2015	2016	2017	2018	2019	2020
增长率法	地区生产总值（亿元）	2326	2698	3130	3631	4212	4865	5619	6490	7496	8658
	年末常住人口（万人）	649	675	702	730	759	789	821	854	888	923
	能源消耗量（万吨标准煤）	518	540	562	586	611	635	660	687	714	743
	建成区面积（平方公里）	400	420	441	463	486	511	536	563	591	621
	人均GDP（元/人）	35840	39970	44587	49740	55494	61660	68441	75995	84414	93803
	万元GDP能耗（吨标准煤/万元）	0.22	0.20	0.18	0.16	0.15	0.13	0.12	0.11	0.10	0.09
	人口密度（人/平方公里）	16225	16071	15918	15767	15617	15440	15317	15169	15025	14863
趋势线法	地区生产总值（亿元）	1983	2285	2633	3034	3496	4028	4642	5348	6162	7100
	年末常住人口（万人）	678	723	771	822	875	932	991	1053	1119	1187
	能源消耗量（万吨标准煤）	524	553	583	614	647	682	718	756	795	836
	建成区面积（平方公里）	397	420	444	469	496	523	551	581	612	643
	人均GDP（元/人）	29248	31604	34150	36910	39954	43219	46842	50788	55067	59815
	万元GDP能耗（吨标准煤/万元）	0.26	0.24	0.22	0.20	0.19	0.17	0.15	0.14	0.13	0.12
	人口密度（人/平方公里）	17078	17214	17365	17527	17641	17820	17985	18124	18284	18460
系统模型I	地区生产总值（亿元）	2070	2264	2445	2618	2789	2969	3176	3432	3758	4171
	年末常住人口（万人）	556	559	564	573	588	614	653	708	778	863
	能源消耗量（万吨标准煤）	480	502	526	555	587	625	669	719	776	839
	建成区面积（平方公里）	382	414	451	494	541	593	648	707	768	832
	人均GDP（元/人）	2441	40501	43351	45689	47432	48355	48637	48475	48303	48331

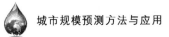

续表

方法	指标	2011	2012	2013	2014	2015	2016	2017	2018	2019	2020
系统模型I	万元GDP能耗（吨标准煤/万元）	0.23	0.22	0.22	0.21	0.21	0.21	0.21	0.21	0.21	0.20
	人口密度（人/平方公里）	14555	13502	12506	11599	10869	10354	10077	10014	10130	10373
模型I政策组合	地区生产总值（亿元）	2348	2621	2901	3198	3521	3886	4315	4834	5468	6239
	年末常住人口（万人）	658	682	712	750	801	866	951	1057	1187	1340
	能源消耗量（万吨标准煤）	540	576	617	666	723	789	865	954	1055	1170
	建成区面积（平方公里）	410	452	501	557	621	694	774	862	959	1065
	人均GDP（元/人）	35684	38431	40744	42640	43958	44873	45373	45733	46066	46560
	万元GDP能耗（吨标准煤/万元）	0.23	0.22	0.21	0.21	0.21	0.20	0.20	0.20	0.19	0.19
	人口密度（人/平方公里）	16049	15088	14212	13465	12899	12478	12287	12262	12377	12582
综合加权平均	地区生产总值（亿元）	2740	3115	3505	3925	4385	4889	5427	6040	6716	7475
	年末常住人口（万人）	634	659	686	717	752	785	816	848	883	920
	能源消耗量（万吨标准煤）	539	574	614	662	718	782	856	942	1040	1151
	建成区面积（平方公里）	398	421	444	469	496	524	552	583	615	648
	人均GDP（元/人）	43194	47271	51072	54766	58341	62309	66522	71197	76049	81213
	万元GDP能耗（吨标准煤/万元）	0.20	0.18	0.18	0.17	0.16	0.16	0.16	0.16	0.15	0.15
	人口密度（人/平方公里）	15926	15667	15447	15278	15160	14984	14772	14549	14357	14196
	地区生产总值增长率（%）	—	13.7	12.5	12.0	11.7	11.5	11.0	11.3	11.2	11.3
	年末常住人口增长率（%）	—	3.9	4.1	4.4	4.9	4.4	4.0	4.0	4.1	4.2
	能源消耗量增长率（%）	—	6.6	7.0	7.8	8.4	9.0	9.4	10.1	10.4	10.7
	建成区面积增长率（%）	—	5.6	5.6	5.6	5.7	5.6	5.5	5.6	5.5	5.4

（七）广西北部湾经济区城市规模（2025～2050 年）预测（见表 4－10 至表 4－14）预测数据表

表 4－10　南宁市城市规模长期（2025～2050 年）预测

方法	指标	2025	2030	2035	2040	2045	2050
综合加权平均	地区生产总值（亿元）	6802	9320	12950	17576	23300	31180
	年末常住人口（万人）	659	708	786	846	881	903
	能源消耗量（万吨标准煤）	725	858	1193	1611	2136	2792
	建成区面积（平方公里）	477	750	1103	1419	1738	2066
	人均 GDP（元／人）	103256	131620	164835	207675	264551	345310
	万元 GDP 能耗（吨标准煤／万元）	0.11	0.09	0.09	0.09	0.09	0.09
	人口密度（人／平方公里）	13814	9435	7124	5965	5066	4371
	地区生产总值增长率（%）	9.5	6.5	6.8	6.3	5.8	6.0
	年末常住人口增长率（%）	2.8	1.5	2.1	1.5	0.8	0.5
	能源消耗量增长率（%）	6.0	3.4	6.8	6.2	5.8	5.5
	建成区面积增长率（%）	4.1	9.5	8.0	5.2	4.1	3

注：该表格中的增长率是每 5 年为一个时期的平均增长率。

表 4－11　北海市城市规模长期（2025～2050 年）预测

方法	指标	2025	2030	2035	2040	2045	2050
综合加权平均	地区生产总值（亿元）	1488	2039	2833	3845	5097	6821
	年末常住人口（万人）	220	248	276	297	309	317
	能源消耗量（万吨标准煤）	399	572	795	1074	1424	1861
	建成区面积（平方公里）	164	259	380	489	599	712
	人均 GDP（元／人）	67762	82072	102785	129455	164946	215299
	万元 GDP 能耗（吨标准煤／万元）	0.27	0.28	0.28	0.28	0.28	0.27
	人口密度（人／平方公里）	13358	9598	7249	6071	5155	4447
	地区生产总值增长率（%）	8.4	6.5	6.8	6.3	5.8	6.0
	年末常住人口增长率（%）	12.8	2.5	2.1	1.5	0.8	0.5
	能源消耗量增长率（%）	10.1	7.5	6.8	6.2	5.8	5.5
	建成区面积增长率（%）	7.5	9.5	8.0	5.2	4.1	3.5

注：该表格中的增长率是每 5 年为一个时期的平均增长率。

表 4－12　钦州市城市规模长期（2025～2050 年）预测

方法	指标	2025	2030	2035	2040	2045	2050
综合加权平均	地区生产总值(亿元)	1594	2184	2934	3927	5206	6918
	年末常住人口(万人)	209	211	234	252	263	269
	能源消耗量(万吨标准煤)	544	650	904	1221	1618	2115
	建成区面积(平方公里)	123	194	285	367	450	534
	人均 GDP(元/人)	76424	103453	125242	155564	198213	256911
	万元 GDP 能耗(吨标准煤/万元)	0.34	0.30	0.31	0.31	0.31	0.31
	人口密度(人/平方公里)	16920	10878	8215	6881	5843	5040
	地区生产总值增长率(%)	6.7	6.5	6.1	6.0	5.8	5.9
	年末常住人口增长率(%)	2.9	0.2	2.1	1.5	0.8	0.5
	能源消耗量增长率(%)	6.8	3.6	6.8	6.2	5.8	5.5
	建成区面积增长率(%)	3.9	9.5	8.0	5.2	4.1	3.5

注：该表格中的增长率是每 5 年为一个时期的平均增长率。

表 4－13　防城港市城市规模长期（2025～2050 年）预测

方法	指标	2025	2030	2035	2040	2045	2050
综合加权平均	地区生产总值(亿元)	1169	1573	2084	2746	3641	4823
	年末常住人口(万人)	99	112	124	134	139	143
	能源消耗量(万吨标准煤)	362	520	723	977	1295	1692
	建成区面积(平方公里)	76	104	152	196	240	285
	人均 GDP(元/人)	118315	140696	168046	205484	261819	338326
	万元 GDP 能耗(吨标准煤/万元)	0.31	0.33	0.35	0.36	0.36	0.35
	人口密度(人/平方公里)	13003	10798	8155	6830	5800	5003
	地区生产总值增长率(%)	6.4	6.1	5.8	5.7	5.8	5.8
	年末常住人口增长率(%)	5.5	2.5	2.1	1.5	0.8	0.5
	能源消耗量增长率(%)	14.8	7.5	6.8	6.2	5.8	5.5
	建成区面积增长率(%)	3.2	6.4	8.0	5.2	4.1	3.5

注：该表格中的增长率是每 5 年为一个时期的平均增长率。

表 4 – 14　广西北部湾经济区城市群城市规模长期（2025～2050 年）预测

方法	指标	2025	2030	2035	2040	2045	2050
综合加权平均	地区生产总值(亿元)	10629	14562	20234	27463	36406	48719
	年末常住人口(万人)	1098	1242	1378	1485	1545	1584
	能源消耗量(万吨标准煤)	1812	2601	3614	4883	6473	8460
	建成区面积(平方公里)	822	1294	1901	2446	2997	3562
	人均GDP(元/人)	96803	117224	146806	184961	235616	307542
	万元GDP能耗(吨标准煤/万元)	0.17	0.18	0.18	0.18	0.18	0.17
	人口密度(人/平方公里)	13353	9600	7249	6070	5155	4448
	地区生产总值增长率(%)	7.0	6.5	6.8	6.3	5.8	6.0
	年末常住人口增长率(%)	3.6	2.5	2.1	1.5	0.8	0.5
	能源消耗量增长率(%)	9.5	7.5	6.8	6.2	5.8	5.5
	建成区面积增长率(%)	4.9	9.5	8.0	5.2	4.1	3.5

注：该表格中的增长率是每 5 年为一个时期的平均增长率。

二　问题剖析及应对策略

（一）南宁、北海、钦州、防城港的市区人口都将"超标"：建议对相关规划进行修订，统计部门增强对城市常住人口的科学统计

无论是按户籍人口统计口径还是常住人口统计口径，南宁、北海、钦州、防城港的城区人口都将"严重超标"。《广西壮族自治区土地利用总体规划（2006～2020 年）》中，南宁、北海、钦州、防城港 4 市的中心城市人口上限分别为 300 万人、88 万人、110 万人、50 万人；《广西北部湾经济区城市群发展规划（2006～2020 年）》中，南宁、北海、钦州、防城港 4 市的建成区人口上限分别为 300 万人、120 万人、100 万人、60 万人。根据《2012 年广西统计年鉴》（城市概况部分）提供的数据，2011 年南宁、北海、钦州、防城港 4 市的城市（市辖区）户籍人口分别为 273 万人、63 万人、142 万人、54 万人。钦州市 2011 年城市（市辖区）户籍人口已经超过两个规划的 2020 年城市人口上限。可以预见的是，另外 3 个城市未来 10 年内的户籍人口也将超过这两个规划的城市人口上限。根据本书的预测，2020 年南宁、北海、钦州、防城港 4 市的城市（市区）常住人口分别为 574 万人、120 万人、181 万人、76 万人，除了北海市，其他 3 个城市的人口都将

超出规划,尤其是南宁市,预计将超出 200 万人(见表 4 – 15 至表 4 – 21)。

另外,以上两个规划中对南宁、北海、钦州、防城港 4 个市的中心城区人口(建成区人口)的规划数据不一致,且用的是户籍人口数据而不是常住人口,这将影响规划的科学性以及对城市未来发展的指导。这两个规划对城市人口的表述术语不统一,一个称为"中心城市人口",另一个称为"建成区人口"。广西北部湾经济区城市群目前正处于城市化进程的最快速时期,土地供给和城市常住人口数据与城市未来的发展关系重大。建议对以上两个规划中相关部分进行修订,同时统计部门加强对城市常住人口(户籍人口 + 暂住一个月以上的人口)的统计工作,以便更好地指导未来广西北部湾经济区城市群的发展。

(二) 南宁市的建设用地将"超标":建议修改相关编制增加南宁市的建设用地指标

《广西壮族自治区土地利用总体规划 (2006 ~ 2020 年)》以及《广西北部湾经济区城市群发展规划 (2006 ~ 2020 年)》中对南宁、北海、钦州、防城港 4 个市 2020 年建设用地规模的上限分别为 300 平方公里、140 平方公里、120 平方公里、70 平方公里,本书对这 4 个市 2020 年建成区面积的预测值分别为 390 平方公里、114 平方公里、102 平方公里、65 平方公里,南宁市 2020 年建成区面积将超出规划上限 90 平方公里,其他 3 个市至 2020 年的建成区面积在规划上限以内。建议高度重视南宁市建设用地的快速扩张态势,修改相关编制增加南宁市的建设用地指标。

表 4 – 15　广西北部湾经济区城市规模 2011 年实际值

指标	南宁市	北海市	钦州市	防城港市	四城市汇总
地区生产总值(亿元)	1576	346	505	313	2740
常住人口(万人)	352	81	144	55	632
能源消耗总量(万吨标准煤)	171	119	222	75	587
建成区面积(平方公里)	293	65	55	33	446
人均 GDP(元/人)	44773	42716	35069	56909	43354
万元 GDP 能耗(吨标准煤/万元)	0.11	0.34	0.44	0.24	0.21
人口密度(人/平方公里)	12014	12462	26182	16667	14170

表 4 – 16 广西北部湾经济区城市规模 2020 年预测值

指标	南宁市	北海市	钦州市	防城港市	四城市汇总	城市群
地区生产总值(亿元)	4324	994	1151	857	7326	7475
常住人口(万人)	574	120	181	76	951	920
能源消耗总量(万吨标准煤)	542	246	392	182	1362	1151
建成区面积(平方公里)	390	114	102	65	671	648
人均 GDP(元/人)	75286	82841	63615	113351	77035	81213
万元 GDP 能耗(吨标准煤/万元)	0.13	0.25	0.34	0.21	0.19	0.15
人口密度(人/平方公里)	14718	10502	17735	11649	14173	14196

表 4 – 17 广西北部湾经济区城市规模 2020 年预测值与 2011 年的倍数比较

指标	南宁市	北海市	钦州市	防城港市	城市群
地区生产总值(亿元)	2.7	2.9	2.3	2.7	2.7
常住人口(万人)	1.6	1.5	1.3	1.4	1.5
能源消耗总量(万吨标准煤)	3.2	2.1	1.8	2.4	2.0
建成区面积(平方公里)	1.3	1.8	1.9	2.0	1.5
人均 GDP(元/人)	1.7	1.9	1.8	2.0	1.8
万元 GDP 能耗(吨标准煤/万元)	1.2	0.7	0.8	0.9	0.8
人口密度(人/平方公里)	1.2	0.8	0.7	0.7	1.0

表 4 – 18 广西北部湾经济区城市规模 2050 年预测值

指标	南宁市	北海市	钦州市	防城港市	四城市汇总	城市群
地区生产总值(亿元)	31180	6821	6918	4823	49742	48719
常住人口(万人)	903	317	269	143	1632	1584
能源消耗总量(万吨标准煤)	2792	1861	2115	1692	8460	8460
建成区面积(平方公里)	2066	712	534	285	3597	3562
人均 GDP(元/人)	345310	215299	256911	338326	304792	307542
万元 GDP 能耗(吨标准煤/万元)	0.09	0.27	0.31	0.35	0.17	0.17
人口密度(人/平方公里)	4371	4447	5040	5003	4537	4448

表 4 – 19　广西北部湾经济区城市规模 2050 年预测值与 2011 年的倍数比较

指标	南宁市	北海市	钦州市	防城港市	城市群
地区生产总值（亿元）	19.8	19.7	13.7	15.4	17.8
常住人口（万人）	2.6	3.9	1.9	2.6	2.5
能源消耗总量（万吨标准煤）	16.3	15.6	9.5	22.6	14.4
建成区面积（平方公里）	7.1	11.0	9.7	8.6	8.0
人均 GDP（元／人）	7.7	5.0	7.3	5.9	7.1
万元 GDP 能耗（吨标准煤／万元）	0.8	0.8	0.7	1.5	0.8
人口密度（人／平方公里）	0.4	0.4	0.2	0.3	0.3

表 4 – 20　《广西壮族自治区土地利用总体规划（2006～2020 年）》中规划的
2020 年四市中心城区人口和用地规模上限

指标	南宁市	北海市	钦州市	防城港市	四城市汇总
中心城区人口（万人）	300	88	110	50	548
用地规模（平方公里）	300	140	120	70	630

表 4 – 21　《广西北部湾经济区发展规划（2006～2020 年）》中规划的
2020 年四市建成区人口和用地规模上限

指标	南宁市	北海市	钦州市	防城港市	四城市汇总
建成区人口（万人）	300	120	100	60	580
建设用地（平方公里）	300	140	120	70	630

（三）2015～2020 年有可能是城市发展的"矛盾凸显期"：建议相关发展规划和政策导向要促进经济、人口、能源消耗、土地利用的均衡发展

总体而言，系统模型对参数的变化比较敏感，改变参数可以使变量的变化趋势由增加变为减少，或由减少变为增加，或由渐进变化转为波动。相对而言，系统模型对外生变量变化的敏感性没有参数那么强。模型Ⅰ、模型Ⅱ和模型Ⅲ有时出现的"异常行为"无法从模型内部获得科学的解释。因此，很有可能的情况是：遵循现有的城市规模的发展模式，广西北部湾经济区城市群的城市经济、人口、能源消耗、土地利用等因素的不均衡发展将有可能在 2015～2020 年"矛盾凸显"，必须予以高度关注并未雨绸缪。政策调控的重点在于增强经济、人口、能源消耗、土地利用的均衡性发展。外生变量的调控（固定资产投资占地区生产总值比重、社会消费品零售总额占地区生产总值比重、城镇从业人员占常住人口比重、工业用地占建成区面积比重、居住用地占建成区面积比重、工业用电占能源消耗量比重、生活用电占能源消耗量比重、居民人均收入占人均 GDP 比重等）对城市规模发展的影响不大。另外，模型 I 在调入南宁市和北海市的数据时，运行结果出现了急剧下跌和大幅波动的异常情况，而在调入广西北部湾经济区城市群的数据时，出现了很好的运行结果，这表明推进广西北部湾经济区城市群一体化发展有助于抵御和抗衡风险，有利于广西北部湾经济区城市群更好地发展。因此，政策调控的重点在于促进广西北部湾经济区城市群经济、人口、能源消耗、土地利用的均衡性发展及城市群的一体化发展。

1. 城市规模优化发展的主要政策方向

增强城市经济和城市常住人口的互动，减少能源消耗，提高能源利用效率，减少土地利用，提高土地利用效率以及将这三种政策进行组合（经济－人口－能源－土地政策组合）确实能扩大城市规模，尤其是经济－人口－能源－土地政策组合将极大地扩大城市规模的总量指标，同时也减少了万元 GDP 能耗，而且长期效应更加明显。政策仿真实验表明，与原模型（即原发展模式）相比，到 2020 年，政策组合将使广西北部湾经济区城市群 GDP、年末常住人口、能源消耗量、建成区面积分别扩大 1.21 倍、1.27 倍、1.16 倍、1.08 倍，万元 GDP 能耗仅为原模式的 0.89 倍；到 2040 年，广西北部湾经济区城市群 GDP、年末常住人口、能源消耗量、建成区面积将分别是原模式的 1.53 倍、1.71 倍、1.53 倍、1.38 倍，万元 GDP 能耗仅为原模式的 0.93 倍。当然，值得关注的是，政策组合却使人均 GDP "最小化"，2020 年为原模式的 0.95 倍，2040 年则更低，仅为 0.89 倍；政策组合还使人口密度增大，2020 年为原模式的 1.2 倍，2040 年则扩大为 1.24 倍（见表 4－22）。相对而言，人口密度是一个中性的指标，很难评判评价人口密度的理想程度。综合各种因素考虑，经济－人口－能源－土地政策组合仍然是城市规模优化发展的首选政策方向。必须注意的是，政策组合的调整必须是渐进式的，以"微调"的方式开始进行，模型的仿真实验表明，急功近利式的政策调整将导致系统运行的剧烈波动。

表 4 - 22　广西北部湾经济区城市群系统模型的政策仿真结果汇总

年份	政策方向	地区生产总值(当年价,亿元)	年末常住人口(万人)	能源消耗量(万吨标准煤)	建成区面积(平方公里)	人均 GDP(元/人)	万元 GDP 能耗(吨标准煤/万元)	人口密度(人/平方公里)
2020	原模式	4171	863	839	832	48316	0.20	10374
	经济 – 人口	5161	1055	1009	986	48903	0.19	10700
	减少能源	5554	1113	1049	1016	49917	0.18	10952
	减少土地	4408	907	876	862	48573	0.20	10525
	政策组合	6239	1340	1170	1065	46572	0.17	12580
	倍数比较	1.21	1.27	1.16	1.08	0.95	0.89	1.20
2040	原模式	30341	4222	4255	4804	71868	0.16	8787
	经济 – 人口	52878	7681	7484	8038	68844	0.15	9556
	减少能源	60165	8703	8347	8826	69130	0.15	9861
	减少土地	35296	4957	4930	5462	71206	0.15	9075
	政策组合	80835	13161	11456	11125	61420	0.14	11830
	倍数比较	1.53	1.71	1.53	1.38	0.89	0.93	1.24

注:"倍数比较"栏目中比较的是经济 – 人口 – 能源 – 土地政策组合和原模式的预测结果。

专栏 4 - 1　全球人口密度前 10 位城市

排名	城市	所属国家	人口密度(人/平方公里)
1	孟 买	印 度	296502
2	加尔各答	印 度	239003
3	卡 拉 奇	巴基斯坦	189004
4	拉 各 斯	尼日利亚	181505
5	深 圳	中 国	171506
6	首 尔	韩 国	167007
7	台 北	中 国	152008
8	金 奈	印 度	143509
9	波哥达	哥伦比亚	1350010
10	上 海	中 国	13400

资料来源:2007 年《福布斯》杂志。

2. 经济发展的重要导向

令人匪夷所思的是,模型的仿真实验表明:减少能源消耗,提高能源利用效率对城市规模的发展起到了仅次于经济 – 人口 – 能源 – 土地政策组合的效果。这表明广西北部湾经济区城市群应高度重视"降能耗，增效率"。广西北部湾经济区城市群是能源输入型城市，本地能源类资源产量远远不能满足当地生产和生活的需要，在经济高速发展和城市人口激增的同时，将面临越来越严重的资源和环境压力。因此，经济发展的重要导向应该是：大力发展低能耗的产业，建立循环经济模式。这是保持经济社会持续、稳定、快速发展的必然要求和必由之路。高耗能的重化工业发展模式是不可持续的，在目前广西北部湾经济区城市群已经有了一定工业基础的条件下，应尽快转变经济发展模式，优先发展能耗少，技术高的产业，尤其是服务业。

3. 增强经济和人口互动的政策方向

2011 年中国的城市化率为 51.3%[①]，正处于加速发展的区间。如果以年均 1%～1.2% 的速率推进，到 2020 年中国的城市化率将提高到 60% 以上，按照每年 1000 万人进城、人均年投资 4 万元来算，城市化将在未来十年拉动 40 万亿元投资。中国（海南）改革发展研究院院长迟福林认为：未来 5～10 年，人口城市化将形成支撑中国发展转型的动力，关键是以农民工市民化为重点的相关改革要到位。

在这样的背景下，农村土地流转和户籍改革被认为是未来中国城市化的两大必须突破的"瓶颈"。在保证耕地红线的要求下，农村土地流转的一部分是农业用地，更多是农村建设用地。而这方面最大的问题是征地制度需要完善，征地必须体现土地的未来收益和市场价值。目前农村用地跟城市用地没有做到"同地""同权""同价"，未来要从法律层面上衔接平衡。城乡户籍制度改革的关键是跟户口相挂钩的社保、就业、教育等的利益，需要政府对公共产品的大力投入，也需要市场的力量。打破户籍"壁垒"肯定是未来的政策方向，但具体操作问题复杂，各地情况各不相同，可能是逐步试点逐步推开。比较可行的方案是先从小城市开始，然后是省会城市，再是大城市，最后是特大城市。

广西北部湾经济区城市群目前的经济基础（非农产业的发展）已经有

---

① 中国 51.3% 的城市化率，是按城镇常住人口统计的，其中还包括了 1.6 亿的农民工群体。如果按户籍来算，人口城市化率只有 35% 左右，远低于世界 52% 的平均水平。

足够的空间支撑城镇人口的增加，而城镇人口对城市经济的促进明显"虚弱"。相关研究表明①：市民化对经济增长的直接影响主要体现在居民消费增长、增加就业、政府支出结构的变化、住房支出的增加等方面，在实际经济中，由于各种经济活动的反馈作用产生间接影响，综合影响往往要大于直接的影响。测算结果是：每增加一个农民工市民化，需要新增综合投资 10 万元。② 未来 5 年，将是广西北部湾经济区城市规模扩张的关键时期，作为广西改革开放的前沿阵地，应率先积极实施"农民工市民化"政策，此举不仅可以提高城市规模，同时还增加人力资本积累，推动广西北部湾经济区城市群的经济、社会在更高水平上实现均衡增长。具体政策导向是：充分发挥城市对土地、资本、人才、技术的聚集功能，尤其是进一步促进"人的城市化"，解决进城务工人员的同城待遇问题。加快户籍制度改革，使居民基本公共服务和基本保障权益与户籍脱钩，政府调整支出结构，增加对农民工的公共服务支出，包括对农民工的医疗和社会保障、子女教育以及保障住房建设，根据农民工就业稳定性和公共服务性质，逐步有序地将农民工转为城市居民，真正实现无差异市民身份。

4. 建立城市化进程统计监测体系

为化解广西北部湾城市群未来几年可能出现的"矛盾凸显期"，使城市群健康协调发展，有必要建立一套全面、合理、功能完善的统计监测体系，引导广西北部湾经济区城市群走向新型城市化道路，实现政治、经济、文化、社会、环境"五位一体"，以人为本，集约发展，统筹发展，和谐发展，在继续推进人口转移型城市化的同时，大力推进结构转换型的城市化，促使广西北部湾经济区的经济社会结构由传统社会向现代社会的转型。人类向城市迁移，是受到"文明"利益驱动的。因为城市里有更高的物质文明、精神文明和生态文明。人们之所以能够由农村向城市迁移，是因为社会的发展使城市能够提供这种"文明"。在种种错综复杂的城市化现象中，人口城市化是表象，是"果"，而社会发展所带来的、聚集在城市里的文明是驱动

---

① 国务院发展研究中心课题组：《农民工市民化对扩大内需和经济增长的影响》，《经济研究》2010 年第 6 期。

② 迟福林：《如何驾驭"消费"马车?》，《南方日报》2012 年 8 月 2 日第 4 版。

力，是"因"。为此，把评价指标体系分为两大部分：其一是人口城市化；其二是文明城市化。人口城市化是城市化的"显示器"，文明城市化是城市化的"发动机"。城市化进程监测指标体系的框架如图 4 - 29 所示。[①] 城市化进程的监测指标如表 4 - 23 所示。

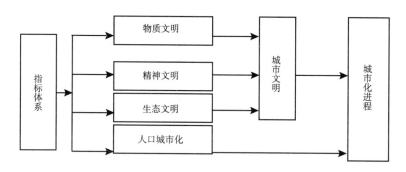

图 4 - 29　城市化进程监测指标体系

表 4 - 23　城市化进程的监测指标

	指标名称
物质文明	人均 GDP(元)
	城市密度(个/万平方公里)
	非农产业占 GDP 比重(%)
	城镇居民年人均可支配收入(元)
	公路网密度(公里/万平方公里)
	年人均自来水供水量(吨)
精神文明	每万人在校大学生数(个)
	每万人医疗技术人员数(个)
	每万人公共图书馆数(个)
	计算机互联网用户比重(%)
	人均订报刊数(件)
生态文明	人均园林绿地面积(平方米)
	污染治理资金覆盖率(万元/万平方公里)
	每万元 GDP 消耗的能源(吨标准煤)
	环境污染事故率(起/万平方公里)
人口	城镇人口占总人口比重(%)

① 黄小青：《城市化进程的统计监测体系》，《统计与决策》2005 年第 21 期。

第五章 城市规模优化发展的
理论和实践

- 生态观——正视生态困境，增强生态意识。
- 经济观——力臻人居环境建设活动与经济发展良性互动。
- 科技观——充分利用科学技术，推动经济发展和社会繁荣。
- 社会观——关怀最广大的人民群众，重视社会发展的整体利益。
- 文化观——积极推动文化和艺术的创造、发展和繁荣。

——《北京宪章》第 2.2 条

- 人类只是地球上的匆匆过客，唯有城市将永久存在。

——美国著名建筑大师贝聿铭

第一节 新型城市化

一 概念

新型城市化作为一个世界性课题，目前并没有明确的定义。国内理论界普遍认为，新型城市化就是坚持以人为本，以新型工业化为动力，以城乡统筹为原则，以和谐社会为方向，全面提升城市化质量和水平。有学者认为，理想的新型城市化的模式是郊区人口占50%，中心城区人口占30%，农村和小城镇人口占20%，人口在三个区域之间可以自由流动，没有户籍限制。

中国新型城市化的基本要求如下。

第一，集约高效。充分发挥空间聚集优势，突出循环经济，提高知识、技术、信息贡献度，强化规模效应，节能降耗，转变发展方式，建设宜业城市。

第二，功能完善。城市集群化、一体化发展，强化整体效应，增强城市综合承载能力，优势互补，错位发展，完善城市功能，建设特色城市。

第三，社会和谐。把新型城市化与构建社会主义和谐社会结合起来，走社会和谐的城市化道路。公平公正，结构稳定，利益协调，充满活力，安全有序，建设和谐城市。

第四，环境友好。减少污染排放，加大污染治理力度，突出城市生态建设，推动城市与自然、人与城市环境和谐相处，建设生态城市。

第五，城乡统筹。统筹城乡经济社会发展，逐步改变城乡二元结构，把城市基础设施向农村延伸，把城市公共服务向农村覆盖，促进大城市、中小城市、镇、村协调发展，建设新农村。[①]

二　案例：中国"田园城市"成都

成都是四川省的省会，副省级城市，辖区面积 12390 平方公里，是中国西部重要的商贸、金融和科技中心之一，是中国重要的高新技术产业基地、现代制造业基地、现代服务业基地和现代农业基地。2012 年，成都市常住人口 1418 万人，名列副省级城市第一位；地区生产总值 8139 亿元，经济总量名列省会城市第二位；市区常住人口 670 万人，面积 515 平方公里。长期以来，中国城乡二元对立的社会结构，不仅使广大农村发展滞后，同时也束缚了城市的发展，由此引发了诸多社会矛盾。2007 年，中国将成都、重庆设立为全国统筹城乡综合配套改革试验区，探索改变城乡二元结构的路径。在这样的背景下，立足于促进城乡统筹发展，2009 年，成都市确立了建设"世界现代田园城市"的全新定位，其内容主要包括世界级国际化城市，西部地区现代化特大中心城市，人与自然和谐相融、城乡一体的田园城市。可以说，正在建设"田园城市"的成都市，是中国城市力图走新型城市化道路的探索者和先驱。

成都市新型城市化的主要举措如下。

第一，"三个集中"。工业向工业园区集中，农民向城镇集中，土地向

---

① 牛文元：《中国新型城市化报告（2012）》，科学出版社，2012，第 87 页。

规模经营集中，推动土地、资本、劳动力三大要素的聚集，减少生产成本和资源环境代价。

第二，"三化联动"。新型工业化、新型城市化和农业现代化联动。以工业化推动农村劳动力向第二、第三产业转移，向城镇集聚，为土地规模经营创造条件，通过土地向适度规模经营集中，推动现代农业的发展，促进城乡同发展共繁荣。

第三，"六个一体化"。探索城乡规划一体化、城乡产业发展一体化、城乡基础设施一体化、城乡市场一体化、城乡管理体制一体化、城乡公共服务一体化，力图使城市和农村居民都能实现劳有所得、病有所医、老有所养、学有所教、住有所居。

第四，"四大改革"。其一是农村产权制度改革。对农民承包地、宅基地、房屋开展确权、登记和颁证，并建立市、县两级农村产权交易机构，引入农业担保、投资和保险机制，使农民成为市场的主体，平等地参与生产要素的自由流动，建立现代农村产权制度。其二是农村新型基层治理机制改革。全面推行以基层党组织书记公推直选、开放"三会"、社会评价干部为主要内容的基层民主政治建设，推广探索村民议事会、监事会制度，构建起党组织领导、村民（代表）会议或议事会决策、村委会执行、其他经济社会组织广泛参与的新型村级治理机制。其三是村级公共服务和社会管理改革。将村级公共服务和社会管理资金纳入财政预算，为每个村每年安排 20 万元资金，用于文体、教育、医疗卫生、就业和社会保障、农村基础设施和环境建设、农业生产服务、社会管理七个方面。其四是户籍制度改革。取消"农业户口"和"非农业户口"性质划分，彻底破除城乡居民身份差异，推进户籍、居住一元化管理。[①]

第二节　精明增长

一　概念

精明增长作为应对低密度的城市无序蔓延的产物，其核心理念是在

① 李志勇：《走新型城市化道路的成都模式》，《经济导刊》2011 年第 5 期。

提高土地利用效率的基础上控制城市扩张，保护生态环境，促进经济和环境"双赢"发展。2000年，美国规划协会联合60家公共团体组成了"美国精明增长联盟"（Smart Growth America），确定精明增长的核心内容是：用足城市存量空间，减少盲目扩张；加强对现有社区的重建，重新开发废弃、污染工业用地，以节约基础设施和公共服务成本；城市建设相对集中，空间紧凑，混合用地功能，鼓励乘坐公共交通工具和步行，保护开放空间和创造舒适的环境，通过鼓励、限制和保护措施，实现城市经济、环境和社会的协调发展。

精明增长的基本做法如下。

第一，土地利用规划先行。通过科学的土地规划平衡自然资源与开发利用之间的关系，城市增长的"精明"落实在土地利用的精明上。在不同的地段配置与之适宜的土地利用结构，形成人与自然协调发展的用地格局；划定规划期内城市增长区（边界），界线之外只能用于发展农业、林业和其他非城市用途产业。

第二，填充式开发和再开发。填充式开发指对市区内公用设施配套齐全的空闲地的有效利用，再开发指对现有土地利用结构的替代和进一步利用。开发出的土地可以用于工业或居住用地、绿地或休闲娱乐空间等。

第三，发展权转移。将需要保护的农地或生态环境用地划定为限制开发区，将基础设施完善、发展潜力大的中心城镇或城市近郊区域划定为鼓励开发区。限制开发区的土地不能被开发，只能将发展权转移出去。开发商从限制开发区内的土地所有者手中购买发展权到鼓励开发区进行土地开发。

第四，提供多样化的交通选择。保证步行、自行车和公共交通之间的连通性。在城市中，建筑设计遵循紧凑原理，各社区应适合步行，通过自行车或步行能够便捷地到达任何商业、居住、娱乐、教育场所等。

二 案例：美国"玫瑰之城"波特兰

波特兰是美国俄勒冈州的港口城市，同时也是该州最大的城市以及经济、文化、教育中心。2012年市区常住人口59万人，在美国城市中列第28位；以波特兰为核心的城镇群常住人口约229万人，是美国第19大都市区。

波特兰是两家世界五百强企业耐克（Nike）和精密铸造（Precision Castparts）的总部所在地，阿迪达斯（adidas）把其北美总部设在这里，其他著名的运动用品品牌也在此汇集，使该市成为运动用品制造中心。著名的计算机组件制造公司英特尔（Intel）的工程技术部、销售部以及 6 个芯片制造工厂位于波特兰市西部，该区域同时集聚了约 1200 个高科技企业，号称"硅林"。波特兰的气候适宜玫瑰花生长，该市随处可以见到玫瑰花，有著名的国际玫瑰花实验公园，每年 6 月举办玫瑰节，因而享有"玫瑰之城"的美誉。波特兰市由于其完善的公共交通网络和有效的土地利用规划，被誉为"精明增长"的典范。

波特兰市实施"精明增长"的主要举措如下。

第一，制定规划。1997 年，波特兰市颁布《地区规划 2040》（Region 2040），该规划的核心理念是：提高已开发土地和基础设施的利用率，控制城市增长的边界；加强公共交通建设，重点发展轨道交通（轻轨）。

第二，集约开发。将城市用地需求集中在现有中心（商业中心和轨道交通中转集中处）和公交线路周围。2/3 的工作岗位和 40% 的居住人口被安排在各个中心和常规公交线路和轨道交通周围。增加现有中心的居住密度，减少每户住宅的占地面积。1997 年至今，波特兰市人口增长了一半，土地面积仅增长约 2%。

第三，绿色交通。大力提高轨道交通系统和常规公交系统的服务能力，同时改善并美化步行和自行车交通的基础设施，引导公众把公共交通作为主要的交通工具，减少机动车数量，减少空气污染。

第三节　生态城市

一　概念

20 世纪 70 年代联合国教科文组织发起的"人与生物圈"计划研究过程中首次正式提出了"生态城市"的概念：从自然生态和社会心理两方面去创造一种能充分融合技术与自然的人类活动的最优环境，诱发人的创造力和生产力，提供高质量的生活。总之，从广义上讲，生态城市是按照生态学原则建立起来的社会、经济、自然协调发展的新型城市，是有效地利用资源环境实现可持续发展的新的城市生产和生活方式。狭义地讲，就是按照生态学原理进行城市设计，构建高效、和谐、健康、可持续发展的人类聚居环境。

生态城市建设的主要原则如下。

第一，社会生态原则。以人为本，满足人的各种物质和精神方面的需求，创造自由、平等、公正、稳定的社会环境。

第二，经济生态原则。保护和合理利用一切自然资源和能源，加强资源的再生和利用，实现资源和能源的高效利用，采用可持续生产、消费、交通、居住区发展模式。

第三，自然生态原则。优先考虑自然生态，最大限度地给予保护，使开发建设活动保持在自然环境所允许的承载能力内，减少对自然环境的消极影响，增强其健康性。

二　案例：德国"绿色之都"弗莱堡

弗莱堡是位于德国巴登－符腾堡州的一座城市，人口约 23 万，超过 60% 的面积为森林所覆盖，拥有 3000 多个小花园，是德国最温暖、日照最丰富的城市，同时也是莱茵河上游的经济、文化、教育、教会中心。弗莱堡以优美的风景、古老的大学城和大教堂成为欧洲最具旅游吸引力的城市之一。近二十年来则以融合生态环保理念的极高生活水准以及相关环保产业的发展被誉为"绿色之都"。该市的环境科学、环境技术和环保产品的研究、生产和销售配套成龙，生态经济及相关的学术会议和博览会也已经成为弗莱堡的支柱产业之一。尤其是太阳能产业，该市汇聚了 80 家大小不一的太阳能应用公司，平均每位居民拥有 36.7 度的太阳光能容量，在全球名列前茅，全欧洲最大的太阳能光电展每年由弗莱堡主办。无论从哪个角度来看，弗莱堡都是生态城市建设的楷模。

弗莱堡建设生态城市的主要举措如下。

第一，因地制宜，制定太阳能产业发展战略。1986 年，弗莱堡意识到利用太阳能对环境保护、经济发展和城市繁荣的重要意义，将开发利用太阳能作为城市能源政策的重要一环。与可再生能源相关的研究中心在弗莱堡相继成立，弗莱堡大学也设立了可再生能源研究中心。以优惠措施鼓励居民使用太阳能：任何居民想在屋顶上加装太阳能光电板，可获得 10 年至 20 年不等的 3%~4% 低息贷款补助设备与施工成本，同时可获得 20 年保证收购太阳光电的优惠电价措施。

第二，垃圾回收再利用。垃圾的分类回收处理在弗莱堡已经成为市民的行为准则并已产生了经济效益。该市近 80% 的用纸为废纸回收加工纸，不可回收垃圾被运往南郊 20 公里处的垃圾处理站焚烧。垃圾焚烧有很高的环保标准，焚烧过程中持续的高温杜绝了二噁英的污染，保证了垃圾处理的安全性。垃圾焚烧过程中产生的余热，可保证向约 25000 户人家供暖。城市 1% 的用电，亦来自利用垃圾发酵产生的能量。[①]

第三，建设生态社区。弗莱堡的新城区丽瑟菲尔德新区（Rieselfeld）和由旧军营改造而成的沃邦小区（Vauban）是近年来著名的生态城区发展的典范。这两个小区有两大特色：一是突出"绿色交通"。将居住、工作、购物、娱乐、休闲集中起来考虑，注重功能的空间混合和集中布局。在步行范围内有学校、幼儿园、集市广场、青少年活动中心、居民活动站、商贸市场和各式各样的商店，尤其是在住宅区附近设立商品供应网点，保证居民在步行距离内就能获得必需的商品及服务。二是突出生态建设。推广低能耗建筑，通过电热联产电站给小区供暖；综合利用太阳能，将雨水回收再利用；维护高质量的公共、私人绿地以及社区公园、自然保护区等。

专栏 5 - 1　新城市主义

"新城市主义"（New Urbanism）思想于 20 世纪 80 年代被提出并逐渐受到重视。它是主要针对城市郊区无序蔓延带来的诸多城市问题而提出的一种新的城市规划和设计指导思想。"新城市主义"提倡限制城市边界，创造和重建丰富多样的、适于步行的、紧凑的、混合使用的、充满人情味的社区；对城乡环境进行重新整合，形成完善的都市、城镇、乡村及邻里单元。矫正"现代主义"开发所带来的原有城市空心化，原来完整的城市结构、城市文脉、人际关系、邻里和住区结构被打破，过分依赖汽车等城市问题。其两大

---

① 贝恩特·达勒曼、陈炼：《绿色之都德国弗莱堡——一项城市可持续发展的范例》，中国建筑工业出版社，2013，第 112 页。

组成理论为传统邻里社区发展理论（Traditional Neighborhood Development，TND）和公共交通主导型发展理论（Transit-Oriented Development，TOD）。"新城市主义"的八大主张分别是：①限制城市边界，建设紧凑型城市；②继承传统，复兴传统街区；③以人为本，建设充满人情味的新社区；④尊重自然，回归自然；⑤增强公众对城市规划的参与力度；⑥提倡健康的生活方式；⑦回归传统习惯性的邻里关系；⑧实现社会平等和提高公共福利。

第四节　经营城市

一　概念

经营城市指根据经济学原则，城市政府运用市场机制来调控有限资源，使城市发展达到最优化的发展目标，即在经济发展、社会公平、自然环境三个主要方面达到最大可能的均衡。经营城市是一种在遵循市场经济规律的基础上，政府强力"干预"经济活动的行为，"两只手"相互影响，相互补充。但是，若把握不好政府参与的程度，则很容易失控：城市政府高度掌控资源的权杖，推开市场规律，由此成为诸多社会矛盾滋生的根源。随着近年来中国城市经营中"土地财政"引发的种种事端，针对"经营城市"的各种争议也随之而来。为此，必须认真总结经验教训，借鉴国外先进经验，回归经营城市的本源，科学地经营城市。

经营城市的主要思路和做法如下。

第一，以经营企业的思想规划城市。遵循市场经济规律，立足宏观战略的思考，体现区域发展的思路，妥善处理好长远利益与近期利益、刚性需求和弹性需求的关系，使城市空间布局规划满足经济社会近期发展和长期发展的需要，使有限的资源得到最优化配置，使城市获得最大化利益。

第二，以企业经营的手段建设城市。充分利用市场经济，开辟多元化城市建设融资渠道，确保城市建设有投入、有收益，进入良性循环的状态。主要做法有：开发和盘活城市土地资源，建立基础设施项目投资回报补偿机制，推行无形资产（历史古迹、特色文化、生态环境等）的商业化运作。

第三，以企业经营的方式管理城市。转变政府职能，建立城市管理新理念。可以把城市比作大企业，市民向政府上缴税收，相当于花钱购买城市政府提供的服务；市常委会相当于董事会，由全体市民选举产生，负责城市大政方针的制定；市长是常委中的一员，相当于董事长。

二　案例：美国"沙漠硅谷"凤凰城

凤凰城是美国亚利桑那州的首府和最大城市，属于典型的沙漠性气候，干旱少雨。2012 年人口约 149 万人，是美国第 5 大城市。以凤凰城为核心的城镇群，人口约 420 万，是美国第 12 大都市区。全球财富 500强企业有 4 家的总部落户于此：电子产品物流分销商安富利（Avnet）；矿产企业费利浦·麦克莫兰铜金（Freeport-McMoRan）；大型网络零售商佩特式玛（PetSmart）；废物清理、回收和利用企业共和服务（Republic Services）。该市同时也是著名的英特尔（Intel）、摩托罗拉（Motorola）、微软（Microchip）以及航空制造公司霍尼韦尔（Honeywell）、波音（Boeing）等的重要生产基地。近 20 年来，凤凰城迅速从过去以农业为主、人口不足 10 万的小城，发展成为电子、航空、半导体、生物技术、金融、物流、教育、休闲旅游荟萃的大都市，享有"沙漠硅谷"的美誉。

凤凰城经营城市的做法主要如下。

第一，"经营企业型"的城市管理模式：市议会–市政经理制。"市议会–市政经理制"的核心理念是把城市政府看成一个类公司机构，设有董事会、监事会、经理层，进行企业化运作，市政府的领导阶层像经营企业一样"经营城市"。以此为基础，凤凰城建立以市民为导向的服务体系，在行政机构中引入竞争机制，在市政管理领域应用现代科学技术和管理手段，在城市管理的诸多方面取得了突破性的进展，其高效运转的管理经验在美国市政管理的同人中有口皆碑。[①]

第二，制定以产业集群化发展为导向的经济发展规划。亚利桑那州政府

---

① 唐华：《美国城市管理：以凤凰城为例》，中国人民大学出版社，2006。

部门、相关行业组织及研究机构（斯坦福国际研究所、莫里森公共政策研究所）组成联合研究小组，于1992年共同制定了《亚利桑那州经济发展战略规划》。该规划明确了凤凰城产业集群化发展的战略导向：将半导体产业及航空工业作为工业主导方向，一方面，依托军事工业基础，发展航空制造业；另一方面营造比较优势，发展半导体产业。另外，高度重视对教育的投入，大力发展社区学院，提升研究型大学的水平，为地方经济发展提供实用型人才和高级技术人才。

第三，高效的城市基础设施及公共设施建设：城市资产改善项目。凤凰城的城市资产改善项目每年提出一个五年制的项目规划，由市议会审议并召开听证会，通过后方可实施。金额大的项目一般通过授权债券融资（authorized bond funding），中小项目可通过城市运营基金、联邦基金及影响费（impact fees）① 通过即付即用（pay-as-you-go）的方式筹款。凤凰城2011～2016年城市资产改善项目预算费用是34亿美元，2012～2017年城市资产改善项目预算费用是32.2亿美元，2013～2018年城市资产改善项目预算费用是31.6亿美元。

第五节　城市群一体化

一　概念

城市群一体化指在特定的区域范围内云集相当数量、等级规模的城市，以一个或两个特大城市为中心，依托一定的自然环境和交通条件，技术、资本、资源等要素相互融合，互为资源，互为市场，互相服务，逐步达到城市之间在政治、经济、社会、文化、生态环境上协调统一，并逐渐构成一个相对完整的城市"集合体"。

城市群一体化的主要特征② 如下。

① 影响费（impact fees）指地方政府要求在当地进行大规模开发的开发商，承担和开发项目相关的交通基础设施及公共服务设施建设。

② 赵勇、白永秀：《区域一体化视角的城市群内涵及其形成机理》，《重庆社会科学》2008年第9期。

第一，设施同城化。城市群同享城市功能的衔接和匹配交通网络、信息网络以及其他基础设施，城市之间要素的流动顺畅。

第二，市场一体化。在要素流动和产业集聚及扩散的驱动下，城市规模和边界突破城市行政边界约束，城市之间的市场逐渐出现融合并最终实现跨越行政区划的市场一体化。

第三，功能一体化。各城市分别形成了不同的、具有互补性质的城市主导产业，大都市以生产性服务业为主，二级城市以加工制造业为主。各城市功能不断地演变进而成为城市群整体功能的一部分，从而实现整个城市群的功能一体化。

第四，利益协同化。各个城市基于产业部门分工和空间分工的互补成为一个整体，并且按照产业链分工获得自己所处价值链环节的利益，在有效的区域治理机制和治理结构下，实现城市群的协同利益最大化。

二 案例：城市群一体化的不同类型

（一）强力一体化型

美国明尼苏达州"双子城"区域（明尼阿波利斯市、圣保罗市及其下辖7个县的小城镇）。在经济发展战略及规划、公共交通、水环境治理、公园系统和绿化带、经济适用住房建设等方面一体化效果明显。一体化的协调机构为1967年成立的"双子城"都市区委员会，掌管区域公共交通系统和污水处理系统的运营。委员会由17个区域代表组成（其中一人为主席），由州长提名并由州参议院任命。设有主席办公室、社区发展处、交通处、环境服务处、项目评估和审计处等。其经费45%来源于各种收费（比如企业排污收费、公交车费等），41%来源于联邦政府和州政府拨款，10%来源于不动产税。其一体化发展的纲领性文件是《明尼苏达州"双子城"区域2006~2030年发展战略纲要》。

（二）中度一体化型

美国南加州都市区（以洛杉矶为首的都市群及其下辖6个县的小城镇），在重大交通基础设施、住房制度和住房建设、大型商贸区建设、空气环境和水资源的规划与保护等诸多方面，都取得了明显的一体化成效。一体化的协调机构为1966年成立的南加州政府联合会，其董事会有成员70名，重大问题由董事会表决决定。常设机构聘有近百名专职工作人员，其经费来源于联邦政府拨款、州政府拨款以及各联合会成员缴纳的年费。其一体化发展的纲领性文件是《南加州区域 2008～2035 年综合发展规划》。

（三）轻度一体化型

美国切萨匹克湾（以华盛顿特区为主的大都市）区域，包括华盛顿特区、马里兰州、弗吉尼亚州的一些城市共 18 个。其一体化领域主要集中在交通、环境、住房、健康服务、公共安全服务、政府团购等方面。其协调机构是华盛顿大都市区委员会，经费大部分由联邦政府、州政府拨款，少量由（县市）成员政府分摊及私人捐助。

（四）市镇共同体型

法国里昂市镇共同体，共有 57 个城镇成员。在城市规划、经济发展、土地利用、房地产管理、日常公共服务等方面具有明显的一体化成效。其协调机构是市镇联合委员会，由各个市镇依照一定的比例推举代表组成，有专门的办公经费。

（五）核心城市主导型

大伦敦区域、东京湾区域的城市群。以核心城市为主导，着重整合大都市地区的区域功能分工和产业分工，实行一体化协调，各个城市之间密切沟通合作，特别是周围城市主动配合中心城市。

第六章 广西北部湾经济区城市
规模优化发展方略

● 把田园的宽裕带给城市，把城市的活力带给田园。

——《乌托邦系谱》作者刘易斯·芒福德

● 城市规划要融合经济、社会、地理等，从城市走向城乡区域的
整体协调。

——中国著名城市规划及建筑学家吴良镛

● 我们的城市必须成为人类能够过上有尊严的、身体健康、安全、
幸福和充满希望的美好生活的地方。

——《伊斯坦布尔宣言》

2011 年，全国城市化率突破 50%，这是中国发展进程中一个重大的指标
性信号。广西北部湾经济区 2011 年城市化率为 48.13%，预计 2015 年人口城
市化率达到 53%，2020 年达到 59%。随着城市化进程的发展，深刻的社会变
革正在开始。广西北部湾经济区城市群属于工业不发达和产业发育水平较低
的地区，同时，中国大西南地区及东盟大部分国家工业化水平也较低，不牺
牲或少牺牲环境的高新技术产业、现代物流及滨海旅游等服务业还缺乏支撑
的基础。因此，进驻广西北部湾经济区的企业基本选择是重化工业及层次较低
的高耗能、高污染的制造业，目前粮油加工、石化、火电、林浆纸、铝加工、
钢铁、沥青、化肥、水泥等诸多重大工业项目已经投产或正在兴建之中，工业
化带来的环境污染初见端倪，如果迫不及待，过于集中发展重化工业和传统的

制造业而又不能尽快地提升层次，广西北部湾经济区城市群"碧海蓝天"的未来将只能是幻想。为此，广西北部湾经济区城市群必须高举"自然、经济、社会"共赢的和谐发展旗帜，引领广西发展的未来。作为广西改革开放的前沿阵地，广西北部湾经济区城市规模优化发展涉及改革方向的诸多层面，基本战略思路可简要地概括为：一体化发展、绿色化发展、人文化发展。

第一节　一体化

努力破除行政区划、城乡二元体制的限制和障碍，以"三位"一体（行政管理一体化、经济社会一体化、资源环境一体化）促进"三维"联动（港城业、海陆空、城镇乡关联发展），形成集约高效、功能完善、城乡统筹、社会和谐、环境友好的一体化格局。重点打造"南宁－滨海走廊"，规划建设高新技术产业区、绿色工业园区、专业物流区、中央商业区、生态休闲旅游区、高品质生活居住区，把其打造成为我国具有"两高一低一体化"（高效能、高品质、低碳化、一体化）示范意义的科学发展走廊和对接东盟的主通道。

一　"三位"一体

行政管理一体化：机构同一、管理同步、政令同出、规划同筹、信息同享。

经济社会一体化：产业同布、港口同兴、城市同荣、市场同体、招商同线、基础设施同建、公共服务同等。

资源环境一体化：资源同管、环境同治、土地同用（见图6-1）。

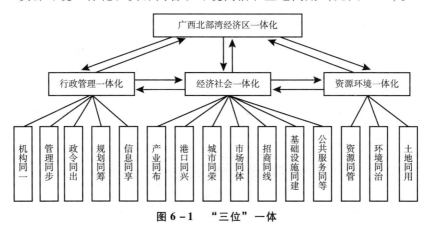

图6-1　"三位"一体

二 "三维"联动

"港城业"：以"建设三个亿吨级港口"为先导，推动"港城业"共生发展。把防城港区、钦州港区、北海港区建设成 3 个亿吨级港区，形成能够全方位为广西北部湾经济区开放发展服务的现代化港口。以港口的发展为引擎，促进城市群的产业集聚和人才集聚。

"海陆空"：以打造"两港两廊一市"为核心，推动"海陆空"互动发展。把广西北部湾港打造成中国－东盟国际枢纽港，把南宁空港打造成中国－东盟国际枢纽机场；建设"南宁－滨海走廊"，畅通"南宁－新加坡走廊"；建设南宁现代化综合交通枢纽城市。

"城镇乡"：以"交通基础设施优先"为主导，推动"城镇乡"关联发展。引导区域交通网络与城市－区域空间发展良性互动，以城促乡，以工辅农，促进"城镇乡"紧凑、有序和一体化发展。重点优化城市（镇）增长区，培育新城和新型社区，促进城乡融合。

三 以"五同"推进行政管理一体化

机构同一：进一步改革和发挥广西北部湾经济区管理委员会机构设置及职能。

管理同步：通过广西北部湾经济区管理委员会的引导和协调，在经济社会和资源环境领域，设立对应的一体化协调机制，推进有序竞争和规范地方政府行政管理。

政令同出：统一所有与经济区发展相关的产业政策、行政法规、管理制度和各种收费。

规划同筹：由广西北部湾经济区管理委员会牵头，联合各市相关部门制定广西北部湾经济区综合规划、专项规划和行业规划，同时制定监督考核机制，确保规划顺利实施。

信息同享：电子政务网络系统、社会保障信息系统、工商企业信息管理系统等实现网上直通。

四 以"七同"推进经济社会一体化

产业同布：产业总体空间布局、重点产业布局、重大项目和基地布局统筹规划，形成优势产业集聚、产业分工合理、区域布局协调、资源配置高效的产业体系。

港口同兴：夯实广西北部湾港"一港、三域、八区、多港点"的布局体系，搭建北部湾港国际合作平台，进一步深化港口一体化发展。

城市同荣：南宁市打造广西北部湾经济区龙头城市，重点发展服务业和先进制造业；钦州市打造综合性工业港口中心城市，重点发展保税物流和临海工业；北海市打造滨海旅游休闲宜居城市，重点建设"北部湾硅谷"；防城港市打造中国－东盟门户城市，重点发展海洋运输业、临海工业和边贸经济。

市场同体：建设统一的现代物流市场、人力资源市场、资本市场、产权交易市场、技术市场等，共建统一的商品流通环境。

招商同线：经济区四市形成统一体，在广西北部湾经济区管理委员会的组织下，联合开展招商引资活动，对于事关经济区发展全局的重大项目，由经济区管理委员会主导完成项目前期工作并申报，积极争取国家相关部委的支持和国内外金融机构的贷款支持。

基础设施同建：在交通基础设施方面，道路交通同步规划，同步建设，清理和撤销四市交通关卡，统一考虑轨道交通建设；在能源基础设施方面，优化电源结构，共建智能电网、油品输送管网、天然气输送网；在信息基础设施方面，统筹规划建设信息网络，推进"三网融合"。

公共服务同等：在公共教育、公共卫生、公共文化体育、生活保障、住房保障、就业保障、医疗保障等方面，在各市及内部城乡、县（市、区）之间逐步实现制度对接，实现要素趋同、流转顺畅、差距缩小、城乡统一、待遇互认。

五　以"三同"推进资源环境一体化

资源同管：编制广西北部湾经济区资源综合利用和环境保护总体规划，制定相应的政策和实施细则。重点是优化海洋资源和区域水资源开发利用和配置体系，推进资源开发利用、节约保护和管理一体化。

环境同治：设立环境保护共同基金，组织实施环境治理重大专项，在滨海企业排污、沿河企业污染、大气污染、垃圾无害化处理、重要生态系统保护、城市绿化和防护林建设等方面统一行动。

土地同用：对四市相邻地带可开发利用的土地，编制统一的土地利用和储备计划，控制一级土地市场，对四类经营性（商业、旅游、娱乐、商品房）项目用地进行招标、拍卖、挂牌出让。

六 以重点打造"南宁－滨海走廊"推进广西北部湾经济区城市群一体化发展

规划建设广西北部湾经济区共建区"南宁－滨海走廊"。这是"人"字形轴线，一条从南宁沿桂海高速、325国道、南防铁路至钦州，再经由防城港至东兴市；一条沿桂海高速、325国道、南防铁路至钦州，经钦北铁路和南北高速至北海。"南宁－滨海走廊"规划建设高新技术产业区、绿色工业园区、专业物流区、中央商业区、生态休闲旅游区、高品质生活居住区六大功能区。把"南宁－滨海走廊"打造成为我国具有"两高一低一体化"（高效能、高品质、低碳化、一体化）示范意义的科学发展走廊和对接东盟的主通道。

第二节 绿色化

围绕"蓝天碧水，绿意盎然"的海湾型城市群核心任务，以建设"生态城市、绿色经济、低碳示范区"为主题，坚持经济效益、社会效益和生态效益相统一，坚持近期利益和远期利益相结合，适度发展临海重化工业，着重引进大企业和大项目，杜绝排污严重的工业项目，将传统工业生态化，积极发展海洋高端产业，探索具有引领未来意义的新兴滨海城市群发展模式，形成独具亚热带特色的北部湾城市群，形成在国内、东南亚区域都有示范意义的低碳发展示范区。

一 适度发展临海重化工业

为建立一定的工业基础，发展重化工业是必要的。在目前广西北部湾经济区城市群已经有了一定重化工业基础的条件下，必须注重推进产业结构的优化升级，以第三产业的推进作为辅助，鼓励企业利用新设备、新工艺，走速度与效益、数量与质量、生产与环保同时并举以及信息技术带动的集约型现代新型重化工业之路。

二　大企业进入、大项目带动

"大企业进入、大项目带动"是广西北部湾经济区城市群经济发展的最佳路径选择。大企业、大项目经济实力相对较为雄厚，有能力按照国际标准进行有关的环保投入与环境治理。同时，大项目建设还可以有效带动一批中小型配套企业的发展，带动上下游产业链条上的中小项目的建设。

三　对排污严重的工业项目要严格控制

不仅是保护生态环境，同时也可留下一些滨海空间，使将来污染少、高产值的工业获得更多的环境容量。盲目、草率地开发还不如暂不开发，要以长远的眼光来规划沿海的开发，目标是让工业之美和自然之美和谐共存。

四　传统工业生态化

在企业、产业基地（园区）和社会三个层面上推进循环经济的发展，积极开展创建生态企业、生态工业园区和生态城市的活动，支持一批资源综合利用的示范企业和环保产业企业的发展。一是建立以重化工业为重点的循环经济体系。二是构建以共生产业群为核心的循环型产业基地（园区）。三是推广清洁生产技术，逐步实现污染"零"排放。四是实施强制性企业清洁生产审核。树立一批资源利用率高、污染物排放量少、环境清洁优美、经济效益显著、具有国际竞争力的清洁生产企业。[①]

五　发展海洋高端产业

北海、钦州、防城港沿海三市要深化海洋经济转型发展内涵，培育海洋战略新兴产业，发展航运金融、保险，海洋产业融资基金等金融功能，建立海洋要素交易的现货和期货市场等。建设航运中心核心功能区、滨海跨境旅

---

① 李巍：《广西北部湾经济区发展规划环境影响评价》，科学出版社，2009。

游核心功能区、全国海洋制造业基地、海洋高科技研发中心以及国家热带、亚热带海洋研究中心等。

第三节　人文化

尊重自然，尊重人性，尊重地域文化和传统，把人的个体发展与城市的整体发展相结合，把城市的历史文化积淀和现代城市文明融合，调动一切文化资源和不断生长着的文化力量，努力营造亲人化的城市发展格局，塑造亲切、自然、和谐、舒适、方便的"海湾城市家园"。积极推进文化创新，培育具有时代特征、北部湾特色、大众特性的城市群文化，牢固确立广西北部湾经济区城市群发展的人文基准，使人文发展和经济社会发展相得益彰。

一　把人文特色融入北部湾山水特色之中

以"蓝天碧水，绿意盎然"的亚热带北部湾优美的生态环境为依托，打造"勤奋朴实，开放包容"的广西北部湾经济区城市群人文环境。既注重恪尽职守、稳定有序，又提倡竞争、创新、开拓；以开放包容的广阔胸怀，以"四季常青"般的实干精神、决心和力度，推进广西北部湾经济区城市群的繁荣发展。

推进"蓝天碧水"工程。调整工业结构和能源结构，改善大气环境质量，提高水环境尤其是近岸海域的水环境质量。加快城市环保基础设施建设、工业点源和生活及农业面源污染防治、生态公益林建设和水土流失治理等工程。

推进"青山绿谷"工程，保护区域生物多样性。以培育和保护森林资源为中心，大力推进生态公益林和水土保持林建设、林业产业体系建设及森林安全防护体系建设，增强林业生态屏障功能。

二　把人文气息融入城市功能布局和空间规划之中

通过市场与计划相结合的引导，使城市各大功能区主体功能突出，配套功能完备，特征明显，品位较高。在未来广西北部湾经济区城市总体功能布局上应重视两大和谐。

一是人工环境和自然环境的和谐。进一步发挥水（海、河、湖等）在城市生态建设中的重要作用，并将周边的山林延伸到城市社区之中，建设一批体现北部湾亚热带山水特色的人文园林。将生态的理念融入城市的规划、建设、生产、生活等各项活动之中，使人工环境与自然环境和谐共生，既有现代化的设施，又与大自然融合，创建优美的居住环境。

二是历史、现实与未来的和谐。要大力保护和显示广西北部湾经济区城市群历史文化遗产和文脉，保持城市发展过程中的延续性，增强历史文化街区的功能；在建筑上追求城市文化遗产的保护、继承和新技术运用之间的协调，积极创造既适合现代化功能又体现城市文脉特色的建筑风格，增强和展示城市建筑的艺术个性和人文特色，让城市成为历史、现实与未来和谐对话的载体。

三　把人文精神塑造融入经济社会发展之中

立足于中国－东盟自由贸易区的发展前沿，在更大范围、更广领域和更高层次参与国际国内经济合作和竞争，充分利用国际、国内两个市场，优化资源配置，拓宽发展空间。同时，要降低准入门槛，营造国资、民资、外资三者公开、公平、公正竞争的市场环境，形成广纳人才、广融资金、广聚企业的大开放格局。形成发展高新技术产业与改造传统产业相结合、培育虚拟经济与发展实体经济相关联、发展旅游文化经济与壮大现代工业经济相协调的运行机制，提升经济发展的科技含量和文化含量，打响本土制造的声誉和品牌，走向可持续的内涵型发展道路。

图书在版编目(CIP)数据

城市规模预测方法与应用:以广西北部湾经济区城市群为例/
黄小青著. —北京:社会科学文献出版社,2013.12
ISBN 978 - 7 - 5097 - 5524 - 2

Ⅰ.①城…　Ⅱ.①黄…　Ⅲ.①北部湾 - 经济区 - 城市规划 - 研究
Ⅳ.①TU984.267

中国版本图书馆 CIP 数据核字 (2014) 第 001844 号

城市规模预测方法与应用
—— 以广西北部湾经济区城市群为例

著　　者 / 黄小青

出 版 人 / 谢寿光
出 版 者 / 社会科学文献出版社
地　　址 / 北京市西城区北三环中路甲 29 号院 3 号楼华龙大厦
邮政编码 / 100029

责任部门 / 经济与管理出版中心 (010) 59367226　　　责任编辑 / 王莉莉
电子信箱 / caijingbu@ ssap. cn　　　　　　　　　　责任校对 / 韩海超
项目统筹 / 王莉莉　　　　　　　　　　　　　　　　责任印制 / 岳　阳
经　　销 / 社会科学文献出版社市场营销中心 (010) 59367081　59367089
读者服务 / 读者服务中心 (010) 59367028

印　　装 / 三河市尚艺印装有限公司
开　　本 / 787mm×1092mm　1/16　　　　　　　印　　张 / 17
版　　次 / 2013 年 12 月第 1 版　　　　　　　　字　　数 / 278 千字
印　　次 / 2013 年 12 月第 1 次印刷
书　　号 / ISBN 978 - 7 - 5097 - 5524 - 2
定　　价 / 65.00 元